RPA 开发与应用

李永伦 编著

北京航空航天大学出版社

内容简介

在过去的一年里,RPA 在企业的数字化转型中扮演着越来越重要的角色,会议、网站和公众号都在给我们展示着 RPA 将会带来什么变化。然而,最终都会回归到一个问题需要 RPA 开发者。本书的任务就是助你快速理清在企业内部启动 RPA 需要了解和考虑哪些方面,实现 RPA 需要掌握哪些知识和技术,以及如何在 RPA 中使用 OCR、NLP 和 ML 等技术。此外,本书内容还将深入到 UiPath 的底层工作流引擎,探讨如何通过构建自定义活动来重用代码和提高开发效率。

如果你是一个管理者,想了解为企业实施 RPA 需要考虑哪些东西,可以花点时间精读第 1 章,然后根据情况浏览后面的章节;如果你是一个 RPA 新手,想快点做出东西,可以先读第 2 章,然后根据情况选读后面的章节,最后阅读第 1 章。如果你是一个 RPA 老手,可以浏览目录,直接跳到感兴趣的章节。

图书在版编目(CIP)数据

RPA 开发与应用 / 李永伦编著. －－北京:北京航空航天大学出版社,2020.5
　ISBN 978－7－5124－3288－8

Ⅰ. ①R… Ⅱ. ①李… Ⅲ. ①机器人－程序设计 Ⅳ. ①TP242

中国版本图书馆 CIP 数据核字(2020)第 066659 号

版权所有,侵权必究。

RPA 开发与应用
李永伦　编著
责任编辑　剧艳婕

*

北京航空航天大学出版社出版发行

北京市海淀区学院路 37 号(邮编 100191)　http://www.buaapress.com.cn
发行部电话:(010)82317024　传真:(010)82328026
读者信箱:emsbook@buaacm.com.cn　邮购电话:(010)82316936
涿州市新华印刷有限公司印装　各地书店经销

开本:710×1 000　1/16　印张:12.75　字数:272 千字
2020 年 5 月第 1 版　2020 年 5 月第 1 次印刷　印数:3 000 册
ISBN 978－7－5124－3288－8　定价:79.00 元

若本书有倒页、脱页、缺页等印装质量问题,请与本社发行部联系调换。联系电话:(010)82317024

序

"RPA 是实体机器人吗?"

相信首次接触 RPA (Robotic Process Automation)的人都会发出这样的疑问。

时至今日,我对 2017 年 7 月在深圳首次向客户介绍 RPA 的经历记忆犹新。自此,我十分荣幸能有机会与数百家公司、企业、合作伙伴和 RPA 专业人士(诸如本书的作者)进行深入的交流。作为 UiPath 在大中华地区的第一位员工,我见证了 RPA 在中国各个行业和领域的爆炸式增长,更重要的是,越来越多志同道合的人正在加入 RPA 社区并为之贡献。

助推 RPA 高速增长的动力有千千万万,但我认为,"人"是引发其爆炸式增长的关键因素之一,虽然机器人能以每天 24 小时的模式高效工作,但仍受到时间与已定流程的限制,而人类的大脑却能超越时间和空间的束缚。与 RPA 专业人士交流的时候,我听到了很多创意并有所得,有时我将这些创意称为梦想。没有他们这些天马行空的梦想,机器人只能机械地执行任务,无法为公司、员工和人类生活创造真正的价值。

我非常喜欢本书第 1 章中提到的"自动做饭"这个新颖比喻,它揭示了 RPA 与传统 IT 解决方案之间的关键区别。尽管技术是现今世界通行的语言,但能读到以中文著就的此类有趣的比喻以及专业的技术说明,无疑会促进中国市场与科技的紧密相联,从而引发更多可以利用"数字助手"的新奇思路。

普及化是每项技术的落地之路,我坚信,RPA 机器人会像计算机那样走进千家万户,最终实现"人手一个机器人"的美好愿景,从而让我们的工作以及生活更加美好!

Tommy Fung
UiPath 大中华区销售总监
2020 年 2 月

前 言

缘 起

2018年5月,我在一个小会议上偶然遇到Tommy Fung,当时他给我们介绍RPA,这是我第一次知道RPA这个词。当Tommy给我们展示UiPath Studio时,我一眼就认出WF的工作流设计器,虽然10年前我就玩过WF,也在博客上发过WF的文章,但看到UiPath把WF和UI自动化结合起来还是有种眼前一亮的感觉,甚至勾起了我当年开发UI自动化测试的回忆。

随着学习的深入和经验的积累,我有了写作的冲动,写作对于我来说不但是一个记录和分享的过程,还是一个梳理和巩固的过程。2018年8月下旬,我联系了北航出版社的蒯艳婕编辑,交流了我的写作计划,我们也交流了国内技术书籍的出版情况和RPA在国内的发展趋势,并敲定了本书的合作。2018年9月开始构思本书的大纲,10月填写选题表并确定本书的大纲,11月初选题过审并签订写作合同,从此踏上了本书的写作之旅。

阅读指南

本书的写作从2018年11月开始,到2019年9月结束,前后耗时10个月,它系统地记录了我的所学、所用、所思、所想。从刚接触RPA到现在,我从RPA社区学到了很多,现在是时候回馈社区了。我希望本书能够助我踏出第一步,帮助现在的新手快速成长,就像社区帮助当初的我一样。

本书分为四篇。第一篇介绍了RPA和UiPath的基本概念。如果你是一个技术新手,想快点做出东西,可以先读第2章,然后根据情况选读后面的章节,最后阅读第1章。如果你是一个管理者,想了解为企业实施RPA需要考虑哪些东西,那么可以花点时间精读第1章,然后根据情况浏览后面的章节。

第二篇系统地讲解开发的基础知识和技术,其中,每个RPA项目都会用到第3章的内容,包括创建和调试项目、录制和播放流程、版本控制和发布部署等,建议技术人员精读并掌握。第 4 章的内容可以根据情况选读，比如，你的 RPA 项目需要定期处理文件，则可以选读第 1 节和第 6 节。如果时间允许，我仍然建议从头开始阅读，因为部分示例涉及多个章节，单独阅读这些章节可能造成上下文缺失。

第三篇个人觉得是全书最有意思的部分，它探索 RPA 如何与百度 OCR、NLP 等服务和微软 ML.NET 框架集成，也探讨如何利用 WF 的知识为 UiPath 创建自定义活动包。随着接触到更多更复杂的流程，你终将无法满足于官方提供和自带的构件，这个时候，集成第三方服务以及创建自定义构件就会变得尤为重要，我希望这个部分能够抛砖引玉，在这个方面对你有所启发。

如果你看了很多资料，写了很多示例，也做了很多交流，依然觉得在解决实际问题时有所欠缺，那么你离出师可能还差一个真实的案例。你需要一个机会把你学过的东西串起来，从头到尾经历一个完整的项目，并解决在这个过程中遇到的实际问题，而这正是第四篇的目的。当然，真实项目可能是你未曾想过的有(奇)趣(葩)问题，因此，请把握机会，参与项目、解决问题并积累经验。噢，对了，别忘了把在真实项目中遇到的有(奇)趣(葩)问题拿出来跟大家一起分享。

以上这些内容其实是我在构思本书大纲时的思考，把这些内容写下来一方面希望帮你找到合适的阅读方式，另一方面也想让你了解本书为何这样写。

代码支持

本书的示例代码已经发布到 GitHub，可以从 https://github.com/allenlooplee/RPABook 下载完整的代码。建议先按照本书的指示动手创建流程，然后再从 GitHub 上查阅对应的代码。如果对本书的内容和代码有任何问题或者建议，可以到 https://github.com/allenlooplee/RPABook/issues 上开 issue，我会在业余时间尽量回复。如果对 UiPath 的产品有任何问题或建议，可以到 https://forum.uipath.com/ 上发帖。

作　者

2020 年 2 月

目　录

第一篇　概览篇

第 1 章　RPA 概览 ·· 5
1.1　RPA 是什么 ·· 5
1.2　选择适合的流程 ·· 6
1.3　三个层次、两个方向、一段旅程 ·· 9
1.4　实施模型和卓越中心 ·· 12
1.5　我眼中的 RPA 2.0 ·· 15

第 2 章　UiPath 概览 ·· 17
2.1　UiPath 平台 ·· 17
2.2　为什么选择 UiPath ·· 18
2.3　UiPath Studio 的安装和设置 ·· 19
2.4　您好, 世界 ·· 22
2.5　UiPath Go ·· 26

第二篇　技能篇

第 3 章　开发基础 ·· 31
3.1　创建项目 ·· 31
3.2　录制和播放 ·· 34
3.3　选择器和 UI Explorer ·· 38
3.4　调　试 ·· 42
3.5　异常与日志 ·· 44

3.6	一键发布和部署	49
3.7	使用 Orchestrator CE 集中管理发布和部署	51
3.8	代码组织和版本控制	60

第 4 章 常用技能和使用示例 · 66

4.1	文件和文件夹	66
4.2	Web 和数据抓取	70
4.3	SQLite 数据库	79
4.4	Office	85
4.5	响应用户事件	90
4.6	计划任务	96
4.7	配置文件	103
4.8	测试框架	106

第三篇 交叉篇

第 5 章 RPA x OCR · 117

5.1	遇见百度 OCR	117
5.2	创建和配置项目	118
5.3	识别增值税发票	121
5.4	过滤并提交识别结果	124

第 6 章 RPA x NLP · 128

6.1	准备环境	128
6.2	下载新闻	133
6.3	通过百度 NLP 提取新闻标签	137
6.4	通过 Python 生成词云图	138

第 7 章 RPA x AutoML · 141

7.1	遇见 ML.NET	141
7.2	准备数据	142
7.3	使用 ML.NET Model Builder 自动训练模型	144
7.4	使用模型预测结果	148
7.5	拖放式机器学习	150

第 8 章 RPA x WF x WPF · 153

| 8.1 | 站在 WF 的肩膀上 | 153 |

8.2 创建自定义活动项目 ··· 153
8.3 发布自定义活动包 ··· 159
8.4 自定义活动设计器 ··· 161
8.5 使用UiPathActivitySet创建自定义活动 ····················· 166

第四篇 实践篇

第9章 案例实践：货基收益自动对账 ························· 175
9.1 需求收集与分析 ··· 175
9.2 可行性分析 ··· 176
9.3 流程设计 ··· 178
9.4 在京东金融中获取小金库零用钱的余额和收益列表 ······· 183
9.5 在网易有钱中获取小金库零用钱的余额 ····················· 188
9.6 记一笔账 ··· 190
9.7 未尽事宜 ··· 194

谨以此书献给我的父母，没有他们就没有我。

第一篇　概览篇

第 1 章

RPA 概览

1.1 RPA 是什么

RPA 全称为 Robotic Process Automation，中文译为机器人流程自动化。这里的机器人不是科幻片中的实体机器人，而是安装在计算机中的软件机器人，它会像人类一样操作计算机中的各种软件来完成任务。举个例子，它可以查看供应商发来的邮件，下载附件中的 Excel 文件，并把里面的商品信息录入仓库管理系统，这样的操作可能每天都会重复多次。正如 UiPath 大中华区总裁吴威在 "2019 机器人流程自动化行业峰会"上说的，RPA 是模拟人机交互的重复操作，是连接系统的断点。

既然都是软件，那么 RPA 方案和传统工程方案的区别又在哪里呢？就拿"自动煮饭"来说吧，传统工程方案可能会创造一个智能电饭锅，它自带外部储水桶或提供接口连接外部管道水源，接口可以装净水器，同时自带米桶。这个智能电饭锅通过 Wi-Fi 连接网络，我可以通过 App 向它预约在几点煮多少米饭，也可以设置常规饭点和饭量，然后它算好时间自取对应的米量并洗米煮饭，储水量和储米量都可以通过 App 监控，低于一定阈值会提示补充，或者配置日常供应商下单买米。

RPA 方案可能会定制一个机械臂，它模拟人手去米桶量米。你可以设置米量，可以告诉它放多少水，水龙头可以预装净水器，然后它把米洗好，加水放入电饭锅里煮。可见，传统工程方案从零开始构建一个新的软件，而 RPA 方案则是原厂提供了软件机械臂，你根据需要训练它利用现有软件执行任务。在机械臂量米之前，它需要判断米桶是否有足够的米；在它洗米和煮饭前，它需要判断水龙头是否有自来水，但因为机械臂本身"看不到"米桶的米和水龙头的水，所以无法做出判断。为了让它"看到"，我们需要借助 CV（计算机视觉），这是目前 AI（人工智能）的一个热门应用领域。

业界创造了 IPA（智能流程自动化）这个词来描述 RPA 和 AI 的结合，这里的 AI 通常包括 ML（机器学习）、OCR（光学字符识别）和 NLP（自然语言处理）等技术。举个例子，如果供应商不是把商品信息整理到 Excel 文件发过来，而是把商品的增值税发票拍照发过来，那么常规的 RPA 就无法使用里面的信息了，我们需要借助 OCR

提取增值税发票照片中的产品信息，然后才能执行常规的信息录入操作。另外，UiPath自己也在借助CV让自家的机器人"看到"计算机屏幕上的UI元素，但和基于选择器的做法相比，基于CV的做法多了一份灵活性，却少了一份确定性，这是由AI的本质决定的。AI不能告诉你"是"或"否"，它只能告诉你"是"或"否"的概率是多少，因此存在一定的不确定性。

当我们试图引入IPA时，应当看清楚将要引入的是什么。如果说RPA促使人类思考如何与机器人共存，那么IPA将会促使人类思考如何与error（错误）共存，这个error在AI层面可能只是普通的误差，但传导到RPA层面就可能成了显眼的错误。

本书主要探讨RPA的开发与应用，但第三篇"交叉篇"会有三节分别探讨如何在RPA中使用OCR、NLP和ML等技术。

1.2 选择适合的流程

RPA是一种以业务为导向的实践，其目的是提升业务价值，应当遵循"业务领导，技术辅导"的原则。然而，业务在对RPA没有充分认识的情况下，盲目地追求"端到端流程"和"砍人头（headcount reduction）"效果，很容易把RPA实施带进阴沟，可谓成也业务败也业务。因此，我们需要从"**能不能做**"和"**值不值得**"两个方面去评估手头上的流程。

在判断一个流程"能不能做"时，需要考虑以下几个问题：

（1）用户能把流程的操作规则说清楚吗？

让机器人代劳的前提是你能清楚地告诉它要做的事，在这个过程中，很多平时不会注意到的东西都会被放大。举个例子，假设你要在某个网页上的表格中获取特定日期的数据，你平时可能扫一眼就找到了，但现在要让机器人来做这件事，你就要告诉它怎么"看"。日期是"年—月—日"还是"日/月/年"？分隔符是稳定的吗？你平时可能压根就不会关注的问题此时很重要。再举个例子，假设你有两个表格，它们包含来自不同源头的交易数据，你要做对账，但这两个表格没有唯一关联的标识，只有记录时间和交易金额存在某种联系，但记录时间也不是完全相同的，存在一定的时间差；交易金额也不是完全匹配的，一个表格中的某条交易可能对应着另一个表格中的多条拆分明细，这种情况比较依赖经验，很难把操作规则说清楚；你甚至可能找人询问两边的交易细节才能确定它们是否相关，这种流程就不适合交给机器人。

（2）流程会重复执行吗？

如果只是一次性或者临时性的流程，那就没有必要自动化了。试想一下，你手动做一次可能需要1小时，机器人做可能需要5 min，但"教会"机器人就要一个下午，这个投入产出比显然不妥。重复执行的流程才有自动化的必要，比如，你有一个流程每天、每周或者每月都要执行一次，或者你有几千条数据需要执行同样的操作。

（3）业务逻辑稳定吗？

如果业务逻辑隔三岔五就变一下，那就很难自动化了。试想一下，这个业务逻辑刚上线不久，业务还没享受到多少自动化带来的好处就要下线修改了，这看起来有点瞎折腾。这不是说业务逻辑不能有变化，而是说在一段较长的时间内（比如半年）能够保持稳定，对于那些还没成型的流程，可以先放一放，等它稳定一段时间再回来看。

（4）被操作的软件稳定吗？

如果被操作的软件时常给你"惊喜"，那就很难自动化了。试想一下，同样的数据，机器人今天输进去正常，隔几天输进去就出错了，或者今天操作正常，隔几天UI变了，这样就很被动了，尤其是不知道软件接下来的升级计划和变化细节，就没法提前做好准备，一旦出事，只能下线，业务也会因此受到影响。

（5）输入的数据标准吗？

如果输入的数据不是标准的，比如，交易所发布的个股公告、投行发表的行业研报或者国外企业提供的形式发票，那么要从中提取所需信息并不容易。即使引入AI，前期的投入也是巨大的，而且不一定能得到想要的稳定效果，还会把整个开发周期拉长很多。如果你希望机器人实实在在地干活，还是老老实实地给它准备标准化的数据吧。

（6）异常情况少吗？

如果机器人在执行流程的时候碰到做不下去的情况，就可能需要人工干预了。如果这种情况经常出现，自动化的效果就大打折扣了，还可能影响业务的正常运作。举个例子，机器人要把数据保存到共享盘的文件中，但用户时不时会打开这个文件并且忘记关闭，这导致机器人无法写入数据，后续步骤无法执行下去。这个时候需要考虑更稳定的替代方案，比如支持并发访问的数据存储方案，或者分解流程，只做其中异常情况少的环节，而不是一味地追求"端到端"。

除了上述6点，还要考虑被操作的软件本身对机器人操作某些步骤的兼容性。举个例子，从下拉列表选择一项，标准的做法是使用SelectItem活动，但不是每个软件的下拉列表都支持这个活动；如果下拉列表支持编辑，可以使用TypeInto活动直接输入要选择的项，否则，可能需要考虑使用Click活动模拟"单击"这个操作。而这到底行不行还要试过才知道，不能想当然地以为机器人总能照搬人的操作。你应该建立并维护一张"能不能"速查表，帮你快速评估企业内部常见流程是否适合RPA或者一个流程的哪些环节不太适合RPA。

如果说"能不能"更偏向于技术的角度，那么"值不值得"则更偏向于业务的角度。在判断一个流程"值不值得"时，需要考虑以下几个问题：

（1）生产率。

理论上，同样的操作机器人比人快，所以一个流程执行下来，机器人的耗时应该比人少。可以分别统计这两个耗时，然后计算生产率提高了多少。耗时少意味着相同的时间能做得更多，比如，一个流程人执行耗时10 min，机器人执行耗时5 min，那么相同的时间,一个机器人相当于两个人。但是,这不是一定的,机器人能否做得那么快还取决于被操作的软件能否响应得那么快,很多时候机器人不得不放慢速度等待软件响应。

(2) 准确性。

人在执行流程时可能会搞错或者漏掉一些东西,比如,输入的时候打错字,数据量大的时候可能会漏输几笔相似的数据,这些都需要耗费额外的人力和时间来纠正。机器人不会这样,你让它读什么数据,它读到的就是什么数据,不多也不少。你可以统计一个流程在人执行时因为人的原因出错而产生的额外纠正成本,以及在机器人执行时这部分成本是否有效地被降低。正如上一小节所讲述的,如果你的流程涉及AI,那么准确性会打一定折扣。

(3) 一致性。

企业希望相同的流程不管何人何时何地执行都是一样的,比如,新人入职,企业要给新人提供培训,让新人熟悉流程,在这个过程中,新人可能出错,做出来的东西跟老员工有出入。如果企业因业务发展调整流程,那么员工肯定需要重新培训,重新熟悉新的流程。在这个过程中,每个人都需要时间,而且不同的人耗费的时间也不一定相同。但对机器人来说,新旧流程都是一堆代码指令,你什么时候开发好了,它什么时候就可以执行,而且你把它复制到任何地方执行理论上都没区别,但你需要确保机器人执行的环境配置是一致的。原则上,一个流程的执行者越多,改变这个流程的成本就越高,换成机器人来执行的价值也越高。

(4) 可靠性。

从企业的角度来看,流程的执行者最好是007就绪、不生病、不请假、一丝不苟且任劳任怨。机器人完全满足这个要求,你让它什么时候执行流程它就什么时候执行,你让它执行多少次它就执行多少次。对一个跨国企业的共享服务中心来说,可能需要在本时区下班时间帮助其他时区的员工处理一些事情,如果这些事情由人来处理,就可能涉及加班的补偿或调休的问题,如果由机器人来处理,你只需创建相应的计划任务,时间一到机器人就会执行相应的流程。

(5) 合规性。

人在执行一个流程时可能会跳过某个步骤,这可能是因为忙中出错,也可能是因为觉得在这次执行中没有必要做这个步骤,还可能是因为时间太紧,想着先把关键步骤做了回头再补。机器人不会这样,你的流程怎么设计它就怎么做,步骤再琐碎也不会自行跳过,它还能把它执行的情况详细地记录下来,让你将来审计机器人的工作时有迹可循。

(6) 员工满意度。

我们的工作或多或少都有一些枯燥无味却又不得不做的事情,如果能有机器人代劳这些事情,那么我们就能解放出来,把时间和精力放在更有创造力的事情上,这会提升自我认同感,从而提升企业的员工满意度。想象一下未来的某一天每个人都有一个辅助机器人,代替我们完成那些枯燥无味的事情,它甚至不需要我们刻意发出指令,它会在计算机中观察我们的操作,并适时询问我们是否需要它的帮助。举个例子,当你打开税务局的网站时,机器人会询问你是否要做税务申报,如果是,它会帮你处理后面的事情。

有不少企业实施 RPA 是冲着"砍人头"来的,这会让企业忽视上述 6 点好处,同时带来两个不良影响:

① 为了"砍人头",企业得让机器人从头到尾完成这个人的工作,这会误导企业盲目追求"端到端"流程的实现,低估了一些依赖人的经验的步骤,从而影响 RPA 实施的体验。

② 因为"砍人头",员工害怕丢掉饭碗,消极情绪蔓延,影响工作和士气,还可能不积极配合 RPA 团队的流程分析,从而影响 RPA 实施的进度。

我认为企业在实施 RPA 时不能片面地追求短期的效益,应该看到更大的蓝图,正如上一节所讲述的,RPA 促使人类思考如何与机器人共存。

1.3　三个层次、两个方向、一段旅程

在实施 RPA 的问题上,我的看法可以总结为"三个层次、两个方向、一段旅程",简称 RPA-321。

三个层次:第一个层次是照搬现有流程,个别步骤可能因为被操作的软件的兼容性问题需要调整;第二个层次是在实施之前重新思考现有流程有哪些地方值得改进以便更好地发挥 RPA 的价值;第三个层次是从企业的整体层面思考如何设计或调整组织架构让人和机器人共存协助,让人从事人擅长的事,让机器人从事机器人擅长的事。

我用"层次"而不用"阶段",是因为我认为它们不是"顺序"的关系,而是"包容"的关系,如图 1-1 所示。不是一定要经历第一个层次才能经历第二个层次,而是处在第二个层次也会看到第一个层次的东西。有些初创企业可能从一开始就考虑让机器人承担大量财务工作,同时招聘一些财务人员来负责机器人很难胜任的创造性工作。在将来,人们甚至会出生在一个人机协助的世界里,他们的认知中并不存在机器人代替人类这种观念,只有人类和机器人谁更适合做什么的观念。

图 1-1

两个方向:自上而下(top-down)和自下而上(bottom-up)。如果结合前面的三个层次来看,自上而下意味着从优化组织入手,它关注长远的规划;自下而上意味着从照搬流程入手,它关注眼前的变现。很多人在实施 RPA 时觉得这两个方向是

一个"二择其一"的问题，那么，这两个方向应该如何选择呢？

如果选择自下而上，虽然可能快速变现，但剧情可能会这样发展：你选择一些流程来实施 RPA，随着这些流程逐个开发完成并上线，原来的执行者逐步把相关的工作移交给机器人，开始出现劳动力过剩的现象。这个时候会有两种可能结果，原来的执行者手头上的工作不断扩展，直到用完所有空出来的时间，这是"帕金森定律"所描述的现象，或者管理者把一些人的工作合并起来放到一个人身上，然后把其他人裁掉。毫无疑问，这两种结果都会对组织产生不良影响。

如果结合自上而下，剧情可能会这样发展：在实施 RPA 之前，企业就已经设想了新的组织架构，和员工讨论他们的职业生涯规划，和他们沟通新的角色和工作，鼓励他们学习新的知识和技能，给他们预留时间，引导他们从当前角色过渡到未来角色，在实施 RPA 的过程中，他们会逐步把手头上的工作移交给机器人，并适应新的角色和工作。从这个角度说，这两个方向不是"二择其一"，而是"相辅相成"。

一段旅程：RPA 不只是一个项目，它更是一段旅程，这段旅程分为论证、试点、量产和扩张四个阶段，如图 1-2 所示。在这段旅程中，企业会找出适合自己的实施模型并建立自己的卓越中心。

图 1-2

论证阶段不是单单做几个 demo 出来看看效果就结束了，而是通过做几个 demo 来探索适合的实施模型，实施过程需要哪些部门进行怎样的配合。比如，你打算让机器人在哪里执行流程，是直接在用户的机器上，还是单独配备机器，如果是前者，你打算如何部署更新，你需要用户配合什么；如果是后者，如何给机器人申请账号，应该开通什么权限，找什么人审批等，你不但要搞清楚这些问题，还要跟有关部门达成共识，形成书面材料，广泛传阅。否则，每次都要跟一堆人从头解释就很浪费时间。

同时，搞清楚卓越中心需要配置什么角色，它们的职责分别是什么，在实施过程中它们是如何相互配合的。比如，现在要开发一个新的流程，肯定需要一套环境，里面安装了这个流程操作的软件，这些软件需要连接到正确的后端和数据库，那么这些事情谁负责。这个过程有点像投石问路，如果企业找了咨询公司，那么咨询公司会给出一些指导，让企业在这个过程中少走一些弯路。

试点阶段可以看作是对论证阶段的两大产物（实施模型和卓越中心）的验收。你要挑选一些流程，让卓越中心联合有关部门对实施模型做个演习，从需求到上线经历完整的生命周期。在这个过程中，你要评估实施模型的实际效果，从各方收集反馈，对之前考虑不周的地方进行讨论，然后做出必要的调整。

试点阶段结束之后，将会进入**量产阶段**。在这个阶段中，各种各样的流程将从业务涌入卓越中心,每个流程都将经历实施模型,成功上线之后为业务所用。在这期间,除了常规的分析、开发和测试之外,还有很多问题需要处理:

(1) 优先级问题。

这个可能是最先面临的问题。在生产力供不应求时,需要决定先做哪些后做哪些,以及如何安排人手开发流程。

(2) 变更管理问题。

这个可能是让你最被动的问题。不管是被操作的软件自己的更新计划,还是企业因市场或政策做出的业务调整,都要跟踪并评估它们对现有流程的影响,然后安排相应的开发活动。此外,系统补丁也要注意,不应该在生产环境中直接打补丁,应该先在测试环境中测试这个补丁对于流程的执行有没有影响。

(3) 环境管理问题。

这个可能是最易忽略的问题。每个流程都包含了一组对环境的假设,比如,可以通过 Outlook 发邮件,可以访问特定共享文件夹,或者被操作的软件是特定版本,你需要保证目标环境满足这些假设。不同的目标环境需要配套创建,比如,开发环境、测试环境和生产环境可能会使用不同的账号登录,访问不同的共享文件夹,同样的软件可能会连到不同的后端。此外,你还要准备开发和测试所需的数据以及开发和测试工具的许可证。一般来说,当你将要开发一个流程时,你需要提前准备好整套环境。

(4) 机器人管理问题。

这个可能是你最陌生的问题。开发好的流程要安排机器人来执行,你要决定什么时间、什么频率、什么机器执行什么流程,还要监视机器人是否处于合理的负载水平。如果机器人太空闲,你就要给它安排一些流程,提高它的负载水平。如果有些流程要处理的数据量增长了,超过当前机器人的负载能力,你就需要安排更多的机器人来执行。这看起来就像你在管理一群数字员工,给它们安排工作。

(5) 代码风险问题。

这个可能是你最紧张的问题。机器人会不会暗地里做坏事,比如,私自查看你的邮件并获取一些敏感信息,访问企业内部的应用程序或数据库,把重要数据传到外部,或者悄悄删除一些重要文件等。这些听起来很吓人,但机器人确实可以做到这些,而且很容易,因此,你需要在开发结束之后安排代码审查,避免日后不必要的风险。

(6) 诊断支持问题。

这个可能是你最迟考虑的问题。上线之后的事情似乎很少有人提前考虑,以为上线之后就完事了,其实不然,好戏现在才开始。当机器人逐渐接手日常的基础业务时,你就要考虑万一机器人出现故障你有什么办法让它迅速恢复正常?如果没有,那么你有什么备选方案(通常是人工方案)让业务照常运作?同时,你有没有足够的日志数据帮你诊断机器人出现故障?这些如果等到上线之后才考虑恐怕就迟了。

量产阶段运作一段时间后就会进入**扩张阶段**,遭遇产能瓶颈,出现工作积压。在这期间,要解决伸缩性问题,具体表现在以下两个方面:

(1) 开发伸缩性。

在不增加人手的情况下,开发团队的产能是相对固定的,但随着需求的增长,将会有越来越多的流程排队等候实施,而且这些流程不一定是有序均匀地进入队列的,而是有时少有时多,即使排好队了,也可能会根据情况重新调整优先级。这个时候你可能会考虑建立一个由内部团队和外部供应商团队共同组成的开发团队,借助外部供应商团队解决需求的增长波动导致的产能瓶颈问题。

(2) 执行伸缩性。

一个流程需要多少个机器人来执行呢?很难说,有时一个机器人已经绰绰有余,还会剩下很多空闲时间,有时两个机器人也不够用。在流程上线时,你可能会根据过往的情况做出合理的估算,上线之后监控机器人的工作情况,在机器人忙不过来时安排新的机器人。RPA 厂商提供的机器人管理工具可以帮你做到这点,比如,你指定 5 个机器人都能执行流程 A,而一般情况下只需 3 个机器人,当数据量超过 3 个机器人的负载时,机器人管理工具就会启用你指定的另外 2 个机器人。和执行伸缩性密切相关的是**许可伸缩性**,每个机器人都要购买许可,假设你有 1 000 个流程,你不会想要购买 1 000 个许可,除非你这 1 000 个流程任何时候都要同时执行,否则你要合理估算许可使用峰值,确保每个流程在执行时都有可用的机器人。

这段旅程会有终点吗?我能想象的终点有两个,一个是实施失败了(这是个有趣的话题),另一个是企业不再续存了,前者是暂时性的(未来可能重启),后者是永久性的。我相信在企业续存期间,这段旅程没有真正的终点,只有起伏。

1.4 实施模型和卓越中心

每个企业的实施模型和卓越中心可能不尽相同,在你确定自己的实施模型和建立自己的卓越中心(CoE)之前,可以参考一下我的看法和经验。我认为实施模型可以分成 7 个阶段,从提名到运营,如图 1-3 所示。

图 1-3

提名:业务部门提交想要自动化的流程信息,这些信息除了包含人工操作的详细步骤(截图和描述)外,还应该告诉你这是什么部门的流程、涉及了哪些业务、这个流程在什么环境下执行、如果这个流程出现问题会对企业造成什么影响、这个流程多久执行一次和每次耗时多少等。业务部门不应该因为有些提交的流程无法自动化而觉得写的这么详细浪费时间,这个过程其实也在帮助业务部门梳理自己的日常流程,而且业务部门也能在和评审委员的交流中积累判断经验,下次更有针对性地提交。

评审:评审团队根据业务部门提交的信息对流程进行业务和技术两个角度的评审。从业务的角度来看,这个流程的描述是否足够清楚、逻辑自洽,如果不是,就要找业务部门澄清然后修改。从技术的角度来看,这些步骤机器人能否操作,如果不能,有没有其他操作可以实现同样的效果。这其实是技术可行性分析,我建议企业针对日常操作的软件建立一个可行性分析速查表,帮助评审团队快速识别哪些步骤机器人能操作,哪些不能,你不必在一开始就建立一个完整的速查表,可以随着流程的评审逐渐积累。

安排:一旦流程过审,就会开始准备环境、权限和测试数据,然后安排开发。这是理想情况,现实情况可能是,如果你在虚拟机上执行流程,虚拟机本身也是有成本的,申请虚拟机也要走基础设施团队的流程,而不是说有就有。另外,流程操作的软件近期可能发布更新,这些更新可能会影响流程的操作。开发团队目前可能没有空档,你可能只有一两个开发团队,却有十几个流程在排队,其中有一些可能是已经上线的流程因为业务变更需要修改,这其实是前面提到的开发伸缩性问题。

构建:一旦流程安排上了,就会进入设计、开发和测试等环节。你可以把机器人看作新招的员工,它一开始什么都不会;把开发流程看作培训机器人,想让它做什么就给它培训什么,然后通过测试看它学得怎样。这个过程不是一蹴而就的,而是循序渐进的,你不必一下子把所有问题都考虑清楚,可以从你收到的需求开始迭代,每次迭代机器人都会学到更多,这其实就是敏捷方法。当然,这个过程需要业务部门的配合,他们决定机器人学到的东西是否达到他们的预期。

一般来说,当一个开发团队接手一个流程时,这个流程就占用了这个开发团队的所有时间直到流程最终上线为止。在这个过程中,如果业务部门提交的信息不够清楚,或者中途发生变更,将会影响这个流程的交付,后续等待这个开发团队的所有流程也将受到影响。我不建议一个开发团队同时接手多个流程,这样除了使得开发团队在多个流程之间切换而损失效率外,还会导致多个流程的ROI难以计算,成本难以分摊。另外,开发团队还要把源代码和相关文档管理好。

验收:一旦业务部门确认流程的执行效果达到他们的预期,就会对流程进行验收。验收主要从代码风险和执行稳定两个方面着手,你要确保流程所做的一切都符合企业的安全规范,该做的要做,不该做的不做,同时也要预留足够的时间观察流程长时间或多次执行是否稳定。如果你通过Git(或者其他同类工具)来管理代码,那么在验收之前,代码应该签入开发分支(dev),在验收之后,代码才能签入主分支(master),只有主分支的代码可以部署到生产环境。

部署:一旦验收成功,就可以部署流程了。很多人以为部署流程就是复制粘贴,其实不然,在部署的过程中,你要确保目标环境符合流程的要求,缺什么都得补上。如果是新旧流程的切换,涉及被操作软件的更新,你要跟业务部门充分沟通,看看什么时候适合下线流程和调整环境。如果在虚拟机上执行流程,可以考虑先准备一个新的虚拟机,部署上去之后再把旧的虚拟机撤走。如果一个机器人不够用,则要准备新的环境,然后部署流程,但在部署之前你要确保两个机器人能够同时工作。

运营:流程部署好了之后,机器人就正式为业务部门服务了。对于有人值守机器人,你要培训业务部门如何启动机器人执行流程,如果他们在执行的过程中遇到问题,你要给他们提供支持。对于无人值守机器人,要确保它们按照计划执行相应的流程,完成业务部门安排的任务。如果在执行过程中出现错误,要让机器人迅速恢复正常,继续没有完成的任务;如果发现流程本身有缺陷,要联系开发团队安排修复。另外,还要监控机器人的负载,确保机器人得到有效利用。

我认为卓越中心可以设计成矩阵型组织结构(matrix organization),如图1-4所示。

	业务部门1	业务部门2	业务部门3
管理	首席管理者		
	技术主管		
评审	业务分析师	业务分析师	业务分析师
	方案架构师	方案架构师	方案架构师
构建	项目经理	项目经理	项目经理
	方案架构师	方案架构师	方案架构师
	开发人员	开发人员	开发人员
运营	服务支持	服务支持	服务支持
	机器人主管	机器人主管	机器人主管
	基础设施工程师	基础设施工程师	基础设施工程师

图1-4

谈谈我这样设计的理由吧。前面讲过,RPA是一种以业务为导向的实践,每个业务部门都有自己的领域知识,最好都有自己的卓越中心,能够覆盖前面提到的从评审到运营的所有阶段。方案架构师同时出现在两个阶段中,在评审阶段中,方案架构师需要把关流程的技术可行性,在构建阶段中,方案架构师需要提供流程的技术方案。

首席管理者统筹整个自动化计划,确保所有卓越中心有序运行;技术主管则把关整体技术规范和最佳实践,确保所有卓越中心有效落实。如果需要构建跨业务部门的流程,首席管理者和技术主管也会出面沟通和协调,制定整体的方案和框架,并给相应的卓越中心安排任务。

如果业务部门愿意承担卓越中心的成本,就能有自己的卓越中心,可以避免和其他业务部门的优先级冲突。可以采用敏捷方法开发流程,开发团队会专注于当前流程的开发直到业务部门认为可以发布为止。因为后面排队的流程都是同一个业务部门的,所以在当前流程出现变更时,部门经理完全可以从业务的角度来衡量应该先处理当前流程的变更还是先开始后面流程的开发。

如果业务部门不能承担卓越中心的成本,企业可以考虑设立共享卓越中心,这需要这些业务部门的上级部门处理优先级冲突,而且很可能无法采用敏捷方法,因为每个业务部门都不希望其他业务部门的流程出现变更影响自己的开发计划,相互之间存在束缚,导致业务部门很难根据具体情况调整已经确定的开发计划。

这个矩阵型组织结构看起来很吓人,因为它要用到那么多人,肯定很烧钱。企业想省钱没问题,瞎省钱就有问题了。打个不恰当的比方,你想用一辆奥拓的钱买一辆奥迪是不可能的,如果你一意孤行,最终的结果可能是钱花出去了,却没有车。如果企业不想一次投入太多,可以先找最舍得花钱的业务部门做试点,待有成效再向其他业务部门推广。

1.5 我眼中的 RPA 2.0

如果说 RPA 1.0 着眼于提高业务人员的效率,降低他们的出错概率,甚至改善企业的组织架构,那么 RPA 2.0 将着眼于提高开发人员的产能,缩短开发流程的周期,甚至改善卓越中心的组织架构,当然,这对企业本身乃至前期打下的基础有着极高的要求。

现在,如果打开开发工具,会看到"读取文件""循环集合""单击按钮""输入文字"等基础构件,如果直接使用它们来构建业务流程,可能需要经历较长的开发周期。将来,你会看到针对具体场景的业务构件,比如,"统计本月员工请假信息""获取过去一个月的隔夜 Shibor""通过电子邮件向供应商提交订单"等,这些业务构件单独使用意义不大,但用来构建业务流程却可以大大提高产能和缩短周期,甚至让业务人员自行构建简单的业务流程成为可能。我把这称作**开发平民化**。

我建议企业在实施 RPA 的过程中建立和维护一个业务构件库,有一部分业务构件针对企业特有的业务环节,由企业自己的开发团队构建和维护;另一部分业务构件针对行业通用的业务环节,由市场上的供应商或社区构建和维护。有了这个库,构建业务流程就变成从库中挑选合适的业务构件并把它们连接起来,在这种模式中,企业的业务流程越是标准就越能获益,这会促进行业标准的形成,同时加速企业向行业标准靠拢。将来,标准的流程将会产品化,直接采购,开箱即用,只有企业特有的少数流程才找人定制开发。

现在,流程开发好以后,你要给它们准备物理机或者虚拟机,在上面安装机器人和相应的软件,然后才能执行流程。将来,机器人会在混合云上的虚拟机中执行流程，云平台会根据流程的执行情况自动创建虚拟机、执行脚本配置环境和分配机器人许可证，或者移除虚拟机和回收机器人许可证，对于关键任务还会创建后备虚拟机，如果主虚拟机出现问题就会马上切换到后备虚拟机执行流程。我把这称作**执行云端化**。甚至可以想象，将来负责不同流程的机器人在云端执行就像现在负责不同功能的微服务在云端执行一样，可以借鉴云原生的一些模式建立一支相互协作的机器人劳动力团队。

现在，DevOps的事情基本上都是手动处理。将来，当你把代码提交到DevOps平台时，DevOps平台将对代码进行基本的风险审查，比如是否使用未经认可的构件，审查通过之后，DevOps平台将向云平台申请测试环境，然后执行相关测试，测试通过之后，将会提交部署申请。如果是更新已经上线的流程，云平台会创建新的虚拟机，DevOps平台会把新的流程部署到新的虚拟机，这样做一方面是为了避免影响正在执行的流程，另一方面是为新的流程可能出现的问题留一条退路，当新的流程可以稳定执行时，DevOps平台会把旧的虚拟机撤走。这其实就是RPA的持续集成（CI）和持续部署（CD）。

现在，开发的流程基本上是相互独立的，但事实上企业的业务是相互协作的不同流程共同组成的，比如，发工资会涉及人事、财务、税务和会计等不同部门的协作。将来，机器人可能是反应式（reactive）、运行长流程（long-running process），不同的机器人会通过消息队列相互协作，甚至人类也可以通过处理某些消息参与其中。如果机器人等待输入的时间太长，它可以暂时把流程放下，先执行其他流程，待输入就绪再继续执行。

RPA是变革的催化剂，如果说RPA 1.0促使业务人员的变革，那么RPA 2.0将促使开发人员的变革，甚至催生新的职业，比如机器人医生。然而，机器人医生不是一般的RPA开发者，而是具备特定（细分）领域知识的RPA开发者，比如，税务机器人医生和人事机器人医生等，它们对于自己领域的流程都能快速诊断问题，并提供方案，但对于其他领域的流程却可能束手无策。

第 2 章

UiPath 概览

俗话说,"工欲善其事,必先利其器。"要做 RPA 开发,当然要有开发工具。本章先介绍 UiPath 平台的组成部分以及选择它的理由,接着讲述 UiPath Studio 这个开发工具的安装和使用,最后讲解新出的 UiPath Go 平台。

2.1 UiPath 平台

UiPath 平台包含 Studio、Robot 和 Orchestrator 三个组成部分。Studio 是用来开发自动化流程的 IDE(集成开发环境),Robot 是用来执行这些流程的软件机器人,而 Orchestrator 则是用来安排 Robot 执行流程并监控执行情况的控制台。

Robot 根据执行期间是否需要人工干预分为有人值守(attended)和无人值守(unattended)型。技术上,二者的主要区别是,前者需要人工启动流程的执行,而后者可由 Orchestrator 按照计划启动,自动登录到某台可用的机器上执行指定的流程,如图 2-1 所示。

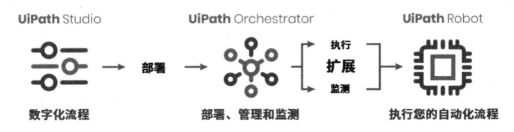

图 2-1

当我第一次看到 UiPath Studio 里的设计器面板时,就有一种似曾相识的感觉。果然,这是 WF(Workflow Foundation)的工作流设计器,UiPath 在 WF 之上构建这个自动化平台,并且添加了一整套跟 UI 自动化相关的活动,比如单击按钮、输入文本框等。WF 是在.NET 之上构建的工作流引擎,这意味着在 UiPath Studio 里可以使用.NET 上的东西。

2.2 为什么选择 UiPath

作为一名.NET 开发者,很高兴看到多年积累的技能可以在这个新的领域派上用场,当然,这不是选择 UiPath 的唯一理由。事实上,《2019 年机器人流程自动化魔力象限研究报告》报告(网址: https://www.uipath.com.cn/newsroom/uipath-named-industry-leader-in-2019-gartner-magic-quadrant-for-rpa/)中排名前三的 RPA 技术供应商都采用了.NET 技术。在这份报告中,UiPath 从 18 家供应商中脱颖而出,被评定为领导者,如图 2-2 所示。

图 2-2

众所周知,一个新的东西要在企业中推广并不容易,企业需要经过一定时间的试用和评估才能做出决定。UiPath 提供了企业版和社区版,企业版有 60 天试用期,社区版是免费的，个人用户以及年收入不超过五百万美元（或等值其他货币）的企业可以使用社区版，否则需要购买企业版。我认为这对于个人用户以及收入不高且预算紧张的中小企业来说是非常友好的，UiPath 亦能借此机会迅速拉拢这批潜在用户，实现共赢。

　　学习方面，官方提供了详尽的文档、简明的视频教程和免费的在线培训课程，对于这些资源没有涵盖的内容和问题，可以到官方论坛提问，会有官方开发者或者社区开发者参与回答。功能方面，除了 WF 自带的活动，UiPath 还添加了大量活动，涵盖了基本编程功能、UI 自动化、加密/解密、Word/Excel/Outlook 互操作、数据库读/写、Web 访问以及 Python/Java 交互等。如果现有活动未能满足你的实际需求，你也可以创建自己的活动，并在日后的自动化流程中重用。此外，还可以到官方的"UiPath Go!"上看看别人是否提供了现成的方案或活动来满足你的需求（本章稍后将介绍"UiPath Go!"）。

　　综上所述，我认为 UiPath 是一个值得尝试和投入的平台。

2.3　UiPath Studio 的安装和设置

　　本书将使用免费的社区版，它提供 2 个 Studio 许可、3 个 Robot 许可和云托管的 Orchestrator，但只有通过官方论坛和 UiPath 学院才能获得支持。可以通过浏览器打开 https://www.uipath.com/platform-trial，如图 2-3 所示，单击 Choose Community 按钮注册账号并登录，就可以下载 UiPath Studio 社区版了。值得注意的是，

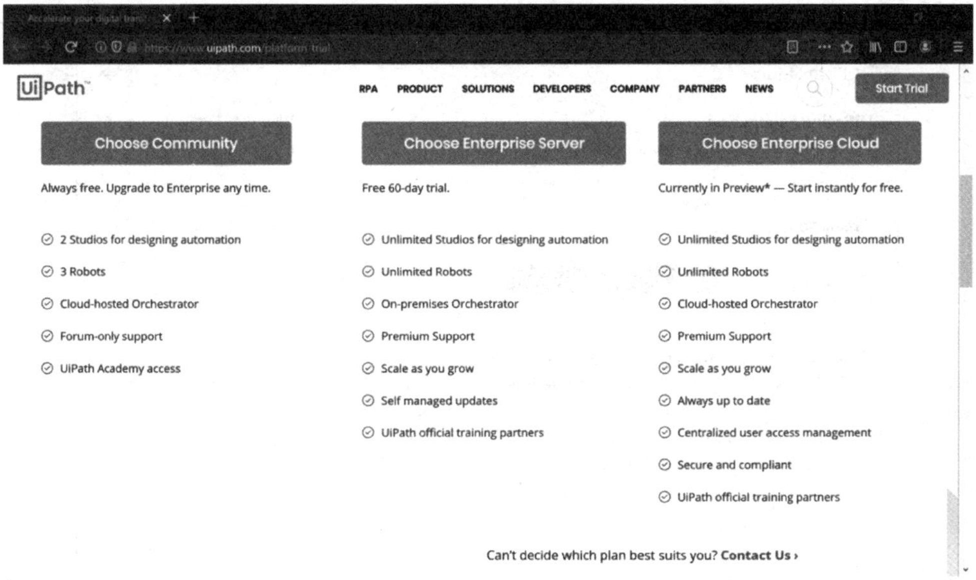

图 2-3

社区版从 19.7.0 版本开始全面支持简体中文，企业版从 19.4.4 版本开始支持。

运行安装程序，就能看到 UiPath Studio 的 Start(开始)页面，如图 2-4 所示，单击 Activate Community Edition 按钮来激活社区版。如果你有企业版许可证密钥，也可以通过 Activate Stand-Alone License 按钮来激活。

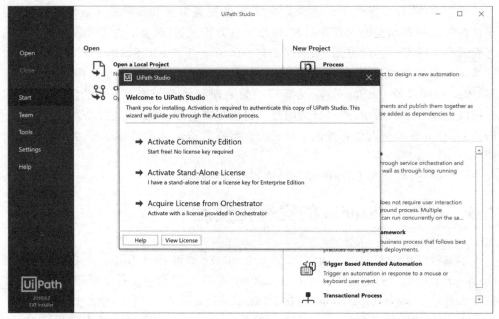

图 2-4

如果看到如图 2-5 所示的注册窗口，就可以在 Email Address 中输入你注册账

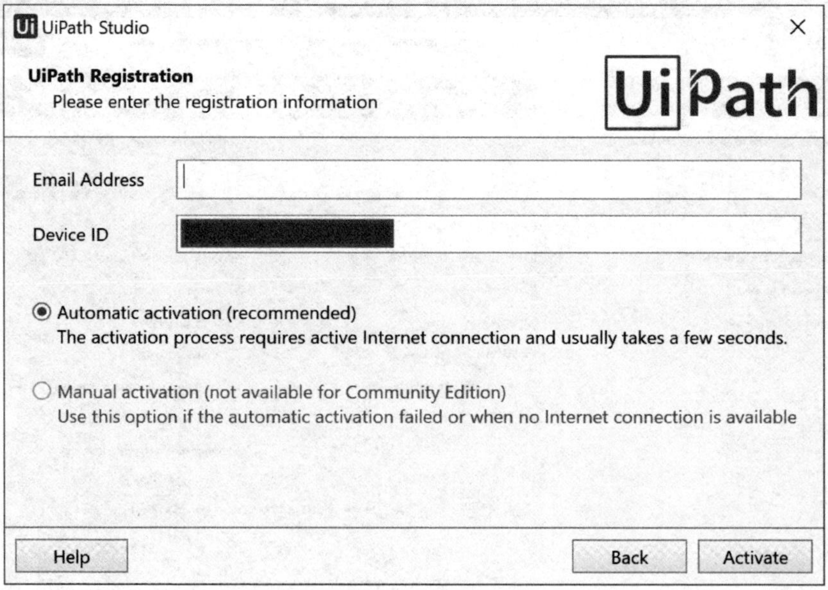

图 2-5

号时填入的电子邮件地址,然后单击 Activate 按钮来完成激活。

单击左侧导航栏的 Help(帮助)页面,可以看到几个官方提供的帮助途径,包括产品文档、社区论坛、帮助中心、RPA 学院以及发布说明,如图 2-6 所示。

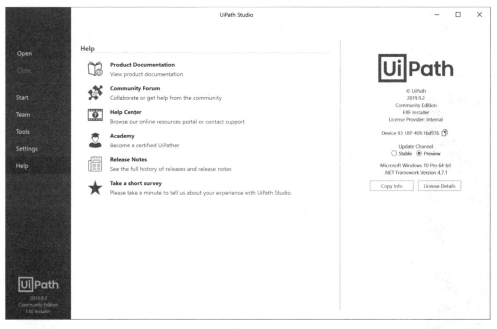

图 2-6

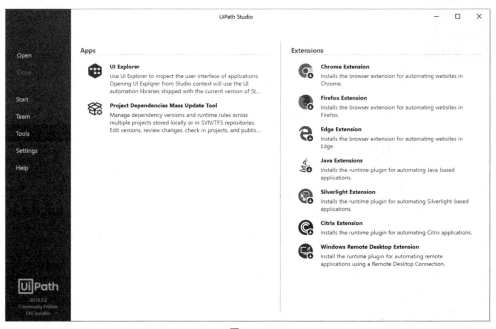

图 2-7

单击左侧导航栏的 Tools(工具)页面,可以看到 4 个扩展组件,如图 2-7 所示。对于 Web 自动化,我们需要安装相应浏览器的扩展组件,目前 UiPath 提供 Chrome、Firefox 和 Edge3 个浏览器的扩展组件,你可以根据实际的需要单击对应的按钮来安装。旁边的 UI Explorer 将在下一章介绍,暂时不须理会。

UiPath Studio 默认是 Light 主题和英文语言,如果想换成 Dark 主题和简体中文语言,可以去 Settings 页面设置,如图 2-8 所示。如果想通过 Git、TFS 或 SVN 访问代码仓库,可以去 Team 页面。

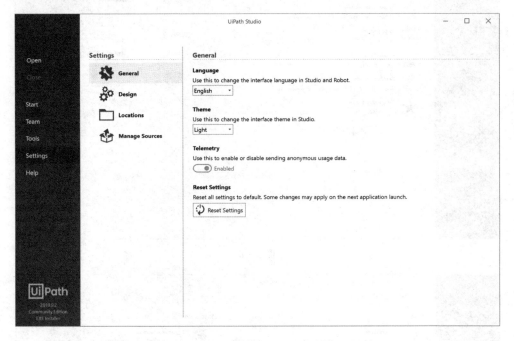

图 2-8

完成 UiPath Studio 的安装和设置后,就可以开始创建自动化项目了。

2.4 您好,世界

Start 页面由两个区域组成,如图 2-9 所示。右边列出了可以创建的流程或库,左边可以打开本地项目、代码仓库或者最近打开的项目。单击 New 区域的 Process 按钮创建一个新的空白流程。其他流程和库将在下一章介绍,暂时不须理会。

在弹出的 New Black Process 窗口中输入流程的名称、位置和描述,如图 2-10 所示,然后单击 Create 按钮创建流程。值得提醒的是,流程默认选择 VB.NET 语言,如果选择 C#,UiPath Studio 会提示你这个特性还在试验阶段,某些功能可能无法使用。

流程创建好后,就可以看到 UiPath Studio 的主界面,如图 2-11 所示。主界面的顶部是功能区,包含 Design(设计)和 Execute(执行)两大类,顾名思义,设计和开

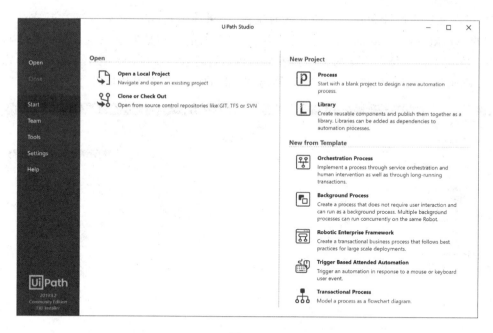

图 2 − 9

图 2 − 10

发所需的功能在 Design 里,而执行和调试的功能在 Execute 里。主界面的左侧是 Project(项目)窗口,显示了项目包含的文件和依赖项。主界面的中间是流程设计窗口,可以在这里设计和开发各种复杂的流程,如果你玩过 WF,将会发现这其实就是它的 Workflow Designer(工作流设计器)。主界面的右侧是 Properties(属性)窗口,将会在这里设置每个活动的属性。还有一些隐藏起来的窗口,如 Activities(活动)窗口、Variables(变量)窗口和 Output(输出)窗口,将在后面用到时介绍。

图 2-11

现在,单击 Project 窗口底部的 Activities 标签切换到 Activities(活动)窗口。在 Activities 窗口顶部的搜索框中输入 outlook,然后把 Send Outlook Mail Message 活动拖到主界面中间的流程设计窗口,如图 2-12 所示。

因为流程设计窗口是空的,所以 UiPath Studio 自动创建一个 Sequence 活动作为容器来放置 Send Outlook Mail Message 活动。Sequence 表示一种顺序流程,即从前往后依次执行每个活动,除了 Sequence,UiPath Studio 还支持 Flowchart 和 State Machine,将在下一章详细介绍它们。

活动添加好后,需要设置几个属性,告诉它收件人、邮件主题和内容等信息,可以在主界面右侧的 Properties 窗口里设置,也可以在活动的设计器里设置,如图 2-13 所示,效果是一样的。值得提醒的是,因为这些属性的类型是字符串,所以需要把它们的值放在双引号里。这里你可以给自己发一封邮件(记住把 To 属性的值改成你自己的邮件地址)。

属性设置好后,可以单击主界面左上角的 Run 按钮运行流程,如图 2-14 所示。两个 Run 按钮是一样的,也可以直接按 F5 键。

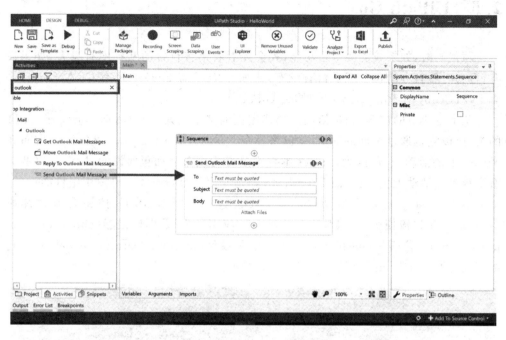

图 2-12

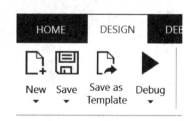

图 2-13　　　　　　　　　　　　　　　图 2-14

值得提醒的是，因为 Send Outlook Mail Message 活动是调用 Outlook 来发邮件的，所以计算机需要事先装好 Outlook。如果你不想通过 Outlook 发邮件，可以试试 Send SMTP Mail Message 活动。一切顺利的话，现在你应该收到邮件了，赶紧去查收吧！

2.5 UiPath Go

写代码时,如果我需要一个功能,我会先看看语言自带的基础库有没有,如果没有,再去看看官方的包管理平台有没有,比如,.NET 有 NuGet,R 有 CRAN,Python 有 PyPI,Ruby 有 RubyGems 等,那么 UiPath 呢?

从上一小节的内容来看,活动是构建流程的基本元素,因为活动本质上是.NET 的类,所以它也通过标准的 NuGet 包来发布。虽然 UiPath Studio 可以添加发布在 NuGet 上的活动包,但因为 NuGet 本身不是专为发布活动包而设的,所以你可能会看到很多与活动无关的包,而 UiPath Go 则是专为与流程有关的可重用组件而设的。

事实上,除了自定义活动(custom activity)外,"UiPath Go!"还有流程片段(snippet)、工作流模版(workflow template)、应用程序/数据连接器(application/data connector)、仪表板(dashboard)、机器学习模型(machine learning model)和端到端解决方案(solution)等类别,如图 2-15 所示。

图 2-15

那么,这些东西到底在什么场合下使用呢?举个例子,UiPath Go 上有一个流程片段是 Get Most Recently Created File(https://go.uipath.com/component/get-most-recently-created-file),你指定一个目录,它会把里面的所有文件按照创建日期的降序来排序,然后把第一个返回给你。不难想象,这个功能涉及多个不同的基础活动,并且作为一个环节嵌入一个更大的流程,而不是作为一个独立的流程而存在。我认为企业在实施 RPA 的过程中应该花点时间梳理自己的流程,把那些存在于多个流程的公共环节开发成流程片段,这样有利于提高重用、降低开发和维护的成本。默认情况下,UiPath Studio 通过主界面左边的 Snippets 窗口来管理流程片段,如图 2-16 所示。

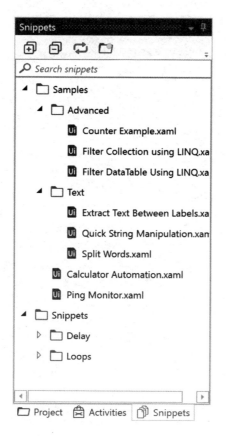

图 2-16

至于其他类别,我们将在后面涉及的时候详细介绍。现在,我建议你打开 UiPath Go 的网页(https://go.uipath.com),看看上面提供了哪些组件。噢,对了,如果你要下载,需要先注册一个账号。

第二篇 **技能篇**

第3章 开发基础

RPA 开发本质上仍然属于软件工程范畴,因此常规软件工程有的它也会有。本节将会从这个角度出发,介绍开发、调试、测试、部署以及项目管理等方面。

3.1 创建项目

当你打开 UiPath Studio 时,首先看到的是 Start 页面,可以从这里创建五种不同的项目,如图 3-1 所示。实际上,所有项目都能归入流程和库两个类别,前者就是我们通常所说的自动化流程,而后者则是作为可重用组件在前者中使用,它们分别对应顶部的 Process 和 Library,剩下的三个都是针对具体场景的项目模版。

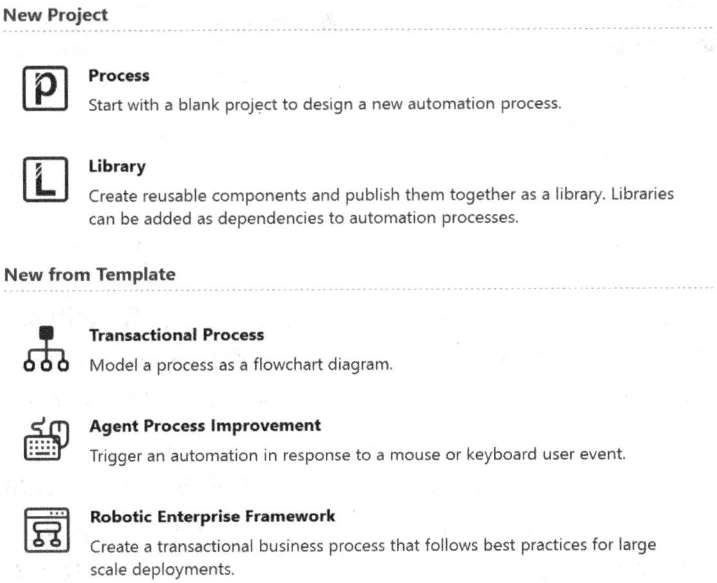

New Project

Process
Start with a blank project to design a new automation process.

Library
Create reusable components and publish them together as a library. Libraries can be added as dependencies to automation processes.

New from Template

Transactional Process
Model a process as a flowchart diagram.

Agent Process Improvement
Trigger an automation in response to a mouse or keyboard user event.

Robotic Enterprise Framework
Create a transactional business process that follows best practices for large scale deployments.

图 3-1

我们可以通过 Process 创建一个空白的流程项目,然后通过主界面左上角的 New 按钮创建不同类型的流程,如图 3-2 所示。UiPath Studio 支持四种不同的流程:Sequence(顺序)、Flowchart(流程图)、State Machine(状态机)和 Global Handler(全局异常处理器)。

  Sequence 适合线性的、一步一步走下去的简单流程,如图 3-3 所示。这并不是说顺序流程只能做出这种简单流程,事实上,可以通过 While/For Each 等循环活动和 If/Switch 等条件活动实现非常复杂的流程,只不过看起来没有 Flowchart 流程那么直观。

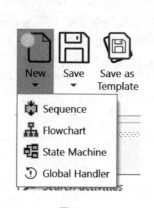

图 3-2

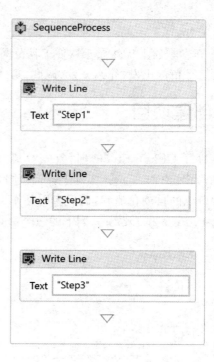

图 3-3

  Flowchart 适合包含多个逻辑决策分支和路径的复杂流程,如图 3-4 所示,可以轻易实现条件判断和步骤循环。一般情况下,可以通过 Flowchart 设计一个较高层次的流程,这个流程中的每个步骤都可以通过 Sequence 包含一组较低层次的子步骤。

  State Machine 可以通过有限的状态和触发状态转换的条件设计出极其复杂的流程,如图 3-5 所示。它的运行路径是根据运行期间的情况来决定的,比如,T2 条件会触发这个流程重新进入 State 2 状态,对于一次具体的运行,这种触发可能是一次,也可能是两次甚至更多。类似地,也可以在每个状态中通过 Sequence 包含一组较低层次的子步骤。

  Global Handler 和其他三种流程不同,它是专门用来处理异常的,而且一个项目只能添加一个,将在本节后面介绍。

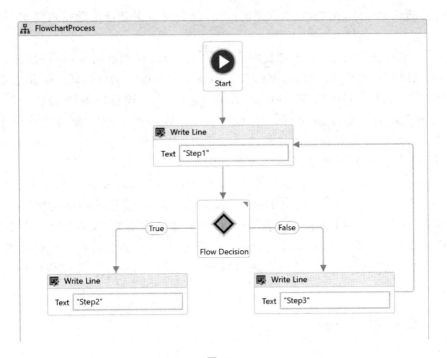

图 3-4

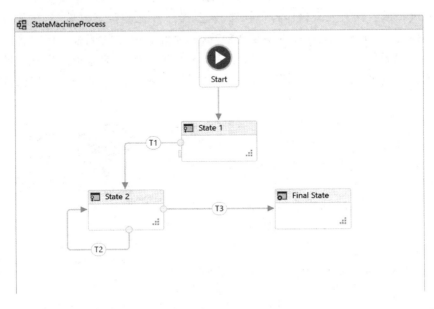

图 3-5

库里面的东西其实也是流程,但只能添加 Sequence、Flowchart 和 State Machine 三种流程,不能添加 Global Handler。库里面的不是完整的流程,而是多个完整的流程都包含的流程片段，比如，登录指定的网站，或者每日下载指定数据以便用于各种分析。

通过 Start 页面的 Library 创建的库本质上是创建由现有活动组合而成的流程片段，但从使用者的角度来看，最终的效果都是一个不可分割的活动。除此之外，也可以通过 Visual Studio 的 Workflow\Activity Library 项目模版使用 C♯ 或 VB.NET 创建全新的活动，在这里，你可以设计活动的输入属性、输出属性和运行逻辑。这两种活动库的关系有点像用户控件（User Control）和自定义控件（Custom Control）的关系。关于库的创建，将在第 5 章详细介绍。

Process 和 Library 都是空白的项目模版，而 Transactional Process、Agent Process Improvement 和 Robotic Enterprise Framework 都是针对特定场景提供的项目模版，里面已经有了大体的流程结构，但细节需要去填充，我建议你分别创建来看看里面都有些什么。随着"UiPath Go!"的发展，我们将会看到更多不同的项目模版，我建议你去"UiPath Go!"的官网看看目前提供了哪些工作流模版（Workflow Template）。

3.2 录制和播放

上一章提到，UiPath 在 WF 的基础上添加了一整套跟用户界面交互相关的活动，用来模拟或者代替人类操作各种软件，这些操作往往非常琐碎繁多，比如单击按钮、切换标签页、输入文本框和选中复选框等，一个相对完整的流程可能包含大量这类操作，如果我们采用 WF 开发方式，即从工具箱窗口把活动拖到工作流设计器上进行组装，效率将会很低，因此 UiPath 提供了录制功能，这有点像 Excel 提供的宏录制功能。

下面来示范一下录制一个计算器的流程，首先，创建一个空白的 Process，然后单击主界面的功能区的 Recording（录制）下拉按钮，并选择 Desktop（桌面），如图 3-6 所示。

此时，UiPath Studio 的主界面将会最小化，然后显示 Desktop Recording（桌面录制）界面，如图 3-7 所示。

打开计算器应用，然后单击 Desktop Recording 界面上的 Record 按钮进入自动录制模式。此时，Desktop Recording 界面将会最小化，屏幕的左上角或右下角可能会出现一个放大镜，显示鼠标指针当前位置的信息，如图 3-8 所示。

现在，你可以像平常一样在计算器应用上计算

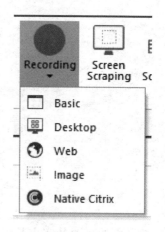

图 3-6

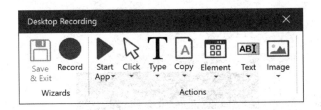

图 3-7

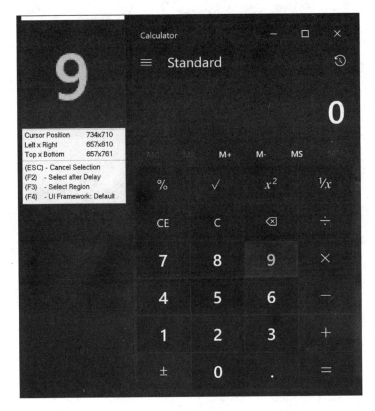

图 3-8

"1+1=",然后按键盘上的 Esc 键退出自动录制模式,并单击 Desktop Recording 界面上的"Save & Exit(保存并退出)"按钮。此时,Desktop Recording 界面将会关闭,UiPath Studio 的主界面将会恢复,流程设计器也显示了刚才录制的流程,如图 3-9 所示。现在,可以按 F5 播放(运行)流程看看效果了。

录制流程这个功能简单直观,但并非万能,试想一下,如果我们每隔一段时间有一组运算要做,而且每次数量都不同,那么显然我们需要借助循环来解决这个问题,但录制是没办法创建循环的。同理,录制也没法创建条件分支。如果你尝试在自动录制模式召唤右键菜单,将会直接结束自动录制模式。这些都是录制流程这个功能

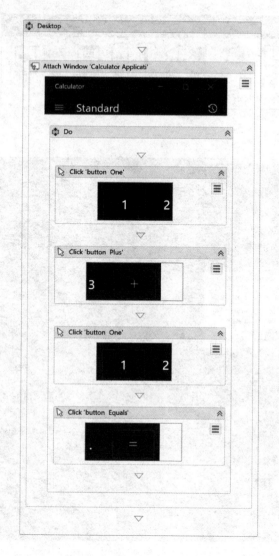

图 3-9

的局限性。

有时候,自动录制模式并不能把整个流程从头到尾录完,因为有些操作它是无法识别的,比如右击,你可以暂时用左击代替,事后再到 Properties 窗口把 Click 活动的 Mouse Button 属性的值改为 BTN_RIGHT;有时候,前后两个连贯的步骤在录制时可能需要在中间做一些准备,比如在录制模式中,当你把鼠标指向包含子菜单的菜单项时,子菜单是不会自动显示的,如图 3-10 所示,此时,为了让子菜单显示,可以按 F2 让录制模式暂停 3 s。

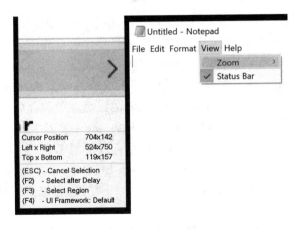

图 3-10

一般来说,我们需要对目标流程进行分析和分解,创建一个较高层次的逻辑结构,然后通过录制来实现其中的某些步骤。比如,循环执行一组运算可以先转化为图 3-11 所示的 Flowchart,再通过录制实现其中的 Calculate 步骤。此时,你可能会问,我们在录制

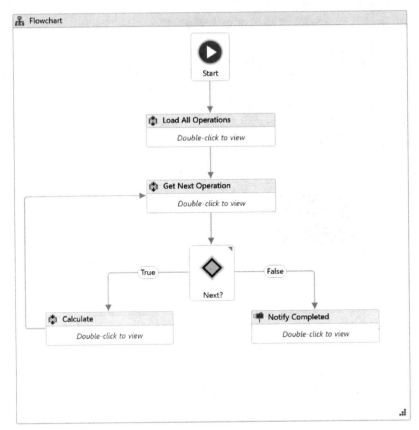

图 3-11

的过程中是明确知道要单击计算器应用的哪个按钮的,然而现在所有的运算都是未知的,又该如何录制呢？不必担心,下一节讲完选择器你就会知道怎样做了。

如果你要录制 Web 应用程序的流程,可以在功能区的 Recording 下拉按钮中选择 Web,如图 3-6 所示。录制 Web 应用程序的流程和录制桌面应用程序的流程类似,不过需要预先安装相应的浏览器扩展,二者的区别在于前者会把生成的流程放在 Attach Browser 容器中,而后者则放在 Attach Window 容器中。

Basic 既可以录制桌面应用程序的流程,也可以录制 Web 应用程序的流程,但它生成的流程不会放在 Attach Window 或 Attach Browser 容器中,除非你要录制的流程需要在桌面应用程序和 Web 应用程序之间频繁切换,否则我不建议你通过 Basic 来录制流程。

Citrix 是针对虚拟环境提供的录制方式,比如虚拟机、远程桌面和 Citrix 应用程序等。虚拟环境的最大特点是应用程序的界面会被当作一幅图像,既无法像其他三种方式那样区分界面中的逻辑元素,如按钮和文本框等,也无法把应用程序及其身处的操作系统环境区分开。这样的话怎么操作界面的元素呢？答案是借助图像识别,比如,如果你要单击一个按钮,可以通过 Click Image 活动来单击这个按钮的图像。也正因为这种特殊性,Citrix 不提供自动录制模式。

3.3　选择器和 UI Explorer

上一节我们留了一个问题,如何单击运行时才能确定的按钮？在回答这个问题之前,先来看看录制的流程是如何确定要单击的按钮的。右击其中一个 Click 活动右上角的菜单按钮,并选择 Edit Selector 菜单项,如图 3-12 所示。

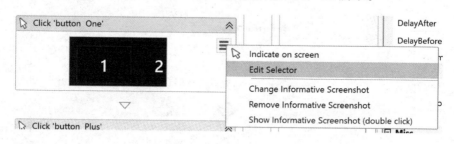

图 3-12

此时,Selector Editor 窗口会打开,并显示与这个活动关联的选择器,如图 3-13 所示。留意 Edit Selector 下面的文本框,里面有一段 XML 代码,这就是选择器的内容,最上面那行表示计算器应用,最下面那行表示数字 1 按钮,你可以想象一下这其中的层次关系,实际上它表示了一棵可视化树(Visual Tree)上的一条路径,用来定位目标元素。Selector Editor 窗口顶部有一排按钮,最左边的 Validate(验证)按钮旁边显示 X,表示无法找到目标按钮,这可能是因为目标按钮的某些属性值变了,从而导致选择器匹配失败,也可能是因为目标应用程序没有打开或者目标按钮没有显示。

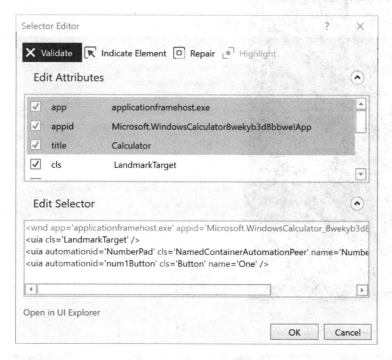

图 3 - 13

如果目标应用程序打开了,目标按钮也找到了,Validate 按钮旁边就会显示"√"。此时,如果单击 Selector Editor 窗口顶部最右边的 Highlight(高亮)按钮,目标按钮周围就会显示一个红框,如图 3 - 14 所示。

如果我想查看其他按钮的选择器,应该如何操作呢?在主界面顶部的功能区找到 UI Explorer 按钮,单击打开 UI Explorer。单击 UI Explorer 顶部的 Indicate Element 按钮,然后在计算器应用上单击你想看的按钮,比如数字 2 按钮,此时 UI Explorer 会在 Visual Tree 窗口中以树状形式显示计算器应用的控件层次关系,如图 3 - 15 所示。当前选中的树节点表示数字 2 按钮,Selector Editor 窗口中显示的 5 个 XML 元素分别对应 Visual Tree 窗口 5 个不同层次展开的树节点,每个 XML 元素都有若干属性可以选用。所有这些都是为了构建一个可以帮助 UiPath 定位目标按钮的选择器。

通过观察不同按钮的选择器,可以发现只有最后一个 XML 元素的部分属性的值是不同的,比如,数字 1 按钮的 name 属性的值是 One,数字 2 按钮的是 Two,数字 1 按钮的 automationid 属性的值是 num1Button,数字 2 按钮的是 num2Button。为了单击运行时才能确定的按钮,需要建立按钮到属性映射关系,然后构建动态选择器。

如果你打算建立按钮到 name 属性和 automationid 属性的映射关系,你可以使

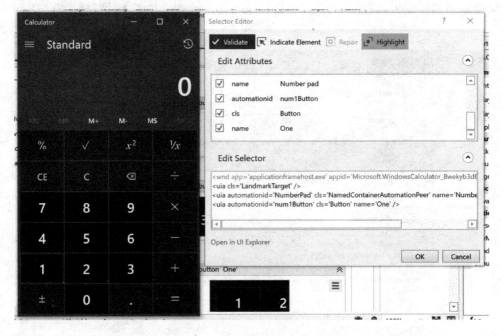

图 3-14

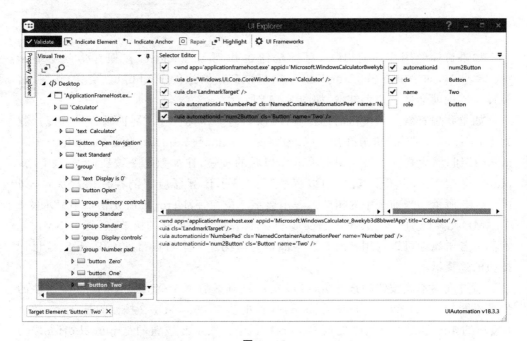

图 3-15

用 Data Table 来保存这个映射关系。在 UiPath Studio 主界面底部找到 Variables 窗口,如果它隐藏起来了,可以通过单击 Variables 标签打开它,如图 3-16 所示。

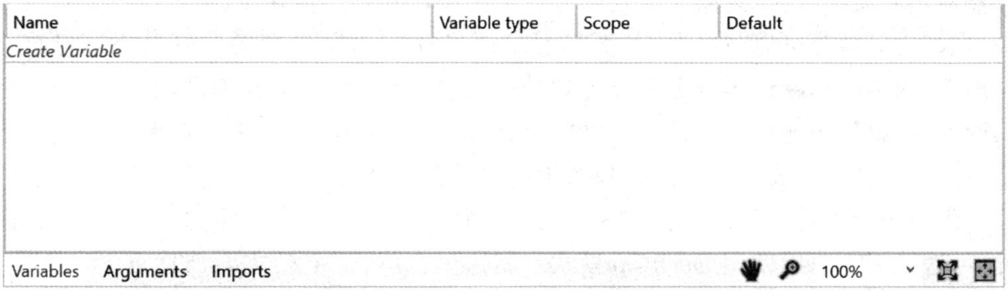

Name	Variable type	Scope	Default
Create Variable			

Variables　Arguments　Imports

图 3 - 16

单击 Name 列下面的 Create Variable 输入变量名，在 Variable type 列选择 DataTable，如果你想要的类型没有显示，可以通过 Browse for Types 查找，然后在 Scope 列指定变量的作用域，最后在 Default 列给出变量的默认值，这里通过构造函数实例化一个 DataTable 对象，如图 3 - 17 所示。值得提醒的是，UiPath Studio 中需要写代码（通常是表达式）的地方只支持 VB.NET 语言。

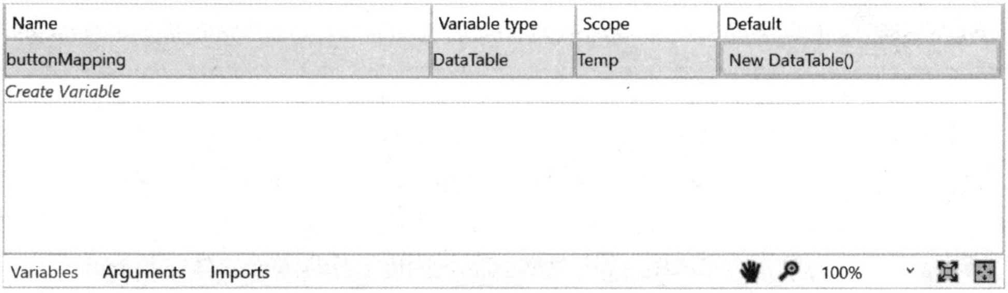

Name	Variable type	Scope	Default
buttonMapping	DataTable	Temp	New DataTable()
Create Variable			

Variables　Arguments　Imports

图 3 - 17

一切准备就绪之后，就可以构建动态选择器了，听起来似乎高大上，但实际上就是拼接字符串。我们可以通过变量保存要单击的按钮，比如 1 和＋，然后在映射关系中找到对应属性的值，接着通过字符串的连接运算符把这些值和其他不变的选择器内容连接起来，最后设置 Click 活动的 Selector 属性，如图 3 - 18 所示。

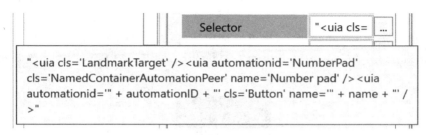

图 3 - 18

一般来说，处理选择器的变动部分有两种方式，如果变动部分不能忽略，比如计算器应用的数字按钮,忽略了变动部分就无法确定是哪个按钮了,可以使用变量来处理;如果变动部分可以忽略,比如要通过 Attach Browser 容器关联到某个已经打开的网页,网页的标题后半部分是今天的精选菜色,这个菜色每天不同,我们不希望受其影响,可以使用通配符来处理。"?"表示匹配单个字符,"*"表示匹配零个或多个字符,只需要把"?"或"*"替换选择器中的变动部分就行了。

　　细心的读者可能发现图 3-18 显示的选择器比图 3-13 显示的少了一个 XML 元素,这是因为我们使用 Desktop 模式录制这个流程,这个模式会创建 Attach Window 容器存放 Click 活动,Attach Window 容器的选择器负责定位顶层窗口,Click 活动的选择器负责定位具体控件,但只能在这个窗口中定位,因此,我们把 Click 活动的选择器称作局部选择器(Partial Selector)。Selector Editor 窗口在显示 Click 活动的选择器时,会把外层的 Attach Window 容器的选择器也一并显示,但会禁止编辑。Web 模式录制的流程也是这样。两个选择器合起来就是全局选择器(Full Selector),如果使用 Basic 模式录制,就不会创建 Attach Window 容器,每个 Click 活动的选择器都是全局选择器。

3.4　调　试

　　和普通代码一样,用 UiPath Studio 开发的流程遇到问题也需要调试。UiPath Studio 主界面顶部的功能区提供了若干调试功能,你可以在 Execute 标签里找到,如图 3-19 所示。常规的设置断点、单步跳入和单步跳过等调试功能都是支持的,但在调试之前,通常先单击 Validate 按钮做个验证,这相当于编译器的静态检查。

图 3-19

　　流程的断点以活动为单位,你可以选中任意活动,如 Click 活动,然后单击功能区的 Breakpoints 按钮来为这个活动添加断点,如图 3-20 所示。若要删除这个断

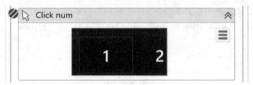

图 3-20

点,可以选中这个断点所在的活动,然后单击功能区的 Breakpoints 来删除断点。设好断点之后,可以单击功能区的 Debug 按钮进入调试,可以通过 Step Into 和 Step Over 分别执行单步跳入和单步跳过。

　　一般情况下,我会单击 Slow Step 按钮启用慢速单步,然后单击 Debug 按钮进入调试,如图 3-21 所示,此时 UiPath Studio 会以较慢的速度执行流程,每执行一个活动,就会在这个活动的周围显示一个黄框,看上去就像有个人在不停地单击 Step Into 按钮。在慢速单步的过程中,可以随时单击 Break 按钮中断执行,然后通过 Locals 窗口查看本地变量的值,也可以单击变量的值右边的放大镜按钮打开 Property Value 窗口来查看。Output 窗口会显示 UiPath Studio 自动记录的活动执行的日志。那么可以输出自定义的日志内容吗?可以的,下一节将会介绍如何记录和查看自定义日志。

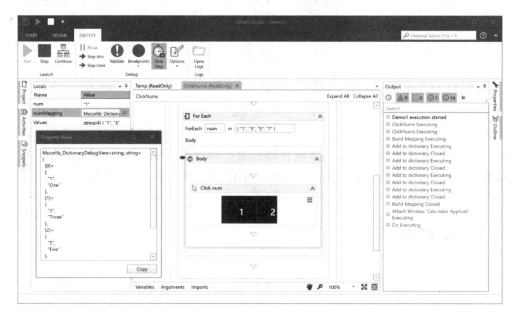

图 3-21

　　慢速单步支持 4 种不同的速度,从最慢的 1 倍到最快的 4 倍,每单击一次 Slow Step 按钮,它就会换一种速度。可以通过 Slow Step 按钮的图标来判断当前的速度,如图 3-22 所示,图标右下角显示 1 倍表明将以最慢速度单步执行;如果显示的是 OFF,则表示禁用慢速单步。

　　慢速单步的最佳拍档是突出显示元素,可以通过功能区的 Options 下拉菜单的 Highlight Elements 菜单项启用它,如图 3-23 所示。启用这个功能后,流程正在操作的用户界面元素,如按钮、文本框等,将会突出显示。

　　我一般会用两个显示器,UiPath Studio 放在一个显示器上,待操作的程序放在另一个显示器上,同时启用慢速单步和突出显示元素,然后单击 Debug 按钮进入调

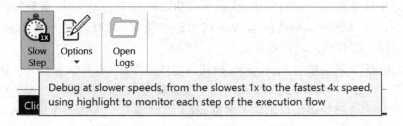

图 3-22

图 3-23

试,这样可以很方便地观察哪些活动在操作哪些用户界面元素时会出现什么情况。如果你只有一个显示器,那么这两个功能搭配使用可能不太方便,因为 UiPath Studio 在调试时不会最小化,所以可能会挡住待操作的程序。

3.5 异常与日志

和普通程序一样,RPA 流程也会出现异常。在 UiPath Studio 里,可以通过 Try Catch 活动处理异常。假设现在要打开一个网页,然后单击上面的某个链接,如果找不到这个链接(可能是因为网页没刷出来),就记录一条日志,并刷新浏览器。

首先,添加一个 Sequence 流程,名字叫 ExceptionHandling,从 Activities 窗口中把 Open Browser 活动拖到 ExceptionHandling 中,如图 3-24 所示。

在 Properties 窗口中把 BrowserType 属性的值设为你想用来打开网页的浏览器,这里是 Firefox,如图 3-25 所示,并把 Url 属性的值设为你想打开的网页。值得提醒的是,为了让浏览器正常工作,需要确保已经装好对应的浏览器扩展。

然后,从 Activities 窗口中把 Try Catch 活动拖到 Open Browser 活动的 Do 中,如图 3-26 所示。Try Catch 活动包含三个区域:Try、Catches 和 Finally。我们将会执行的可能出现异常的活动放在 Try 区域中,要捕获的异常以及处理异常的活动放在 Catches 区域中,放在 Finally 区域中的活动一般用于善后事宜,且不管是否出现异常都会执行。

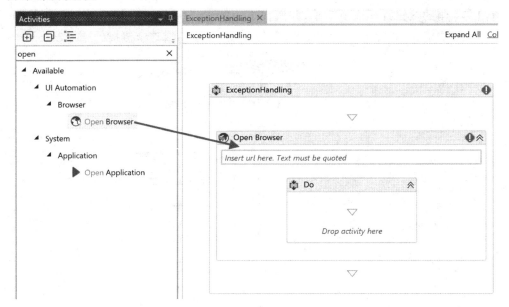

图 3 – 24

图 3 – 25

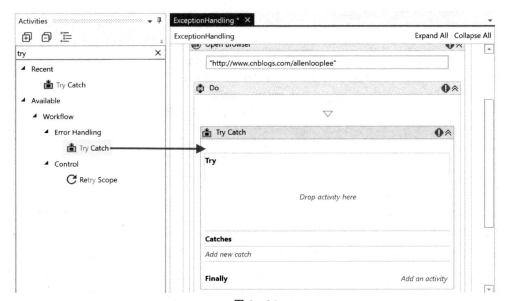

图 3 – 26

从 Activities 窗口中把 Click 活动拖到 Try 区域中,如图 3-27 所示。单击 Click 活动右上角的按钮打开选项菜单,并选择 Indicate on screen 菜单项,单击目标网页中想打开的链接,此时 UiPath Studio 会为 Click 活动生成这个链接的选择器。

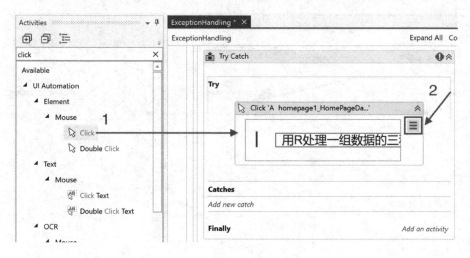

图 3-27

接着单击 Catches 区域中的 Add new catch 添加异常处理活动,此时可以看到一个下拉列表,如图 3-28 所示,这里列出一些常用的异常类型。如果你要处理的异常没有列出,可以选择 Browse for Types 浏览所有可选异常。这里需要选择的异常是 UiPath.Core.SelectorNotFoundException,它表示找不到我们想要单击的链接。

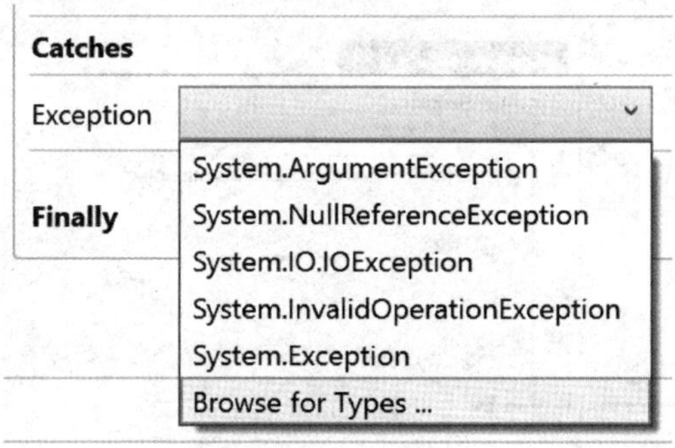

图 3-28

选好异常后,从 Activities 窗口中把 Log Message 活动拖到 SelectorNotFound-Exception 下面的空位,如图 3-29 所示,并设置 Log Message 活动的 Level 和 Message 两个属性。Log Message 活动用来记录不同级别的日志,以便日后诊断使用。

再从 Activities 窗口中把 Refresh Browser 活动拖到 Log Message 活动下面,如图 3-30 所示。我们不必告诉 Refresh Browser 活动刷新哪个浏览器,它能自动从

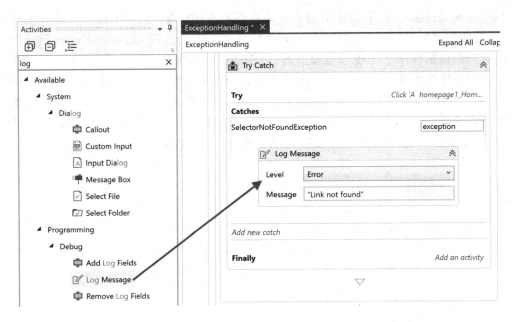

图 3-29

（间接）包围它的 Open Browser 活动中获取所需的信息。

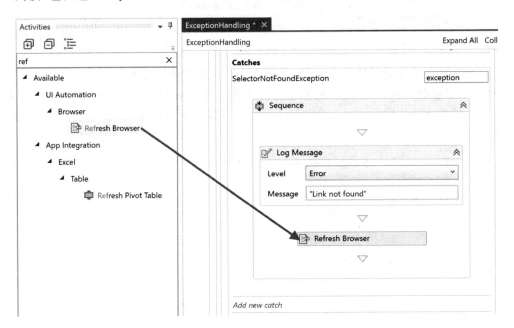

图 3-30

为了测试异常情况，可以通过浏览器内置的开发工具对目标链接动手脚，或者在 UiPath Studio 中对 Click 活动的选择器动手脚，然后看看处理异常的活动是否正常执行。需要说明的是，上面这个例子只是为了示范如何通过 Try Catch 活动处理异常，现实中如果我们需要处理链接可能找不到的情况，会先用 Element Exists 活动判断目标链接是否存在，如果存在就打开，否则就刷新浏览器。

如果你想查看过往记录的日志，可以单击功能区的 Open Logs 按钮，如图 3-19 所示。它会打开存放日志文件的文件夹，如图 3-31 所示。每个日志文件的文件名都有记录的日期，文件名中的 Studio 表示这个文件记录了和 UiPath Studio 相关的日志，而 Execution 则表示这个文件记录了和流程执行相关的日志。

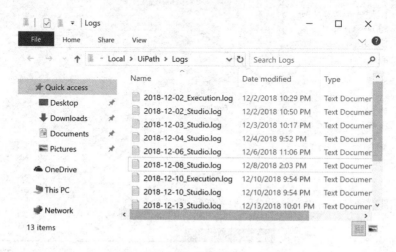

图 3-31

对于你能预见的具体异常，可以通过 Try Catch 活动来处理；对于你未能预见的异常，为了避免流程异常中止，我们需要一个地方统一处理它们，这个地方叫做全局异常处理器（Global Exception Handler），你可以通过功能区的 New 按钮来创建，如图 3-32 所示。

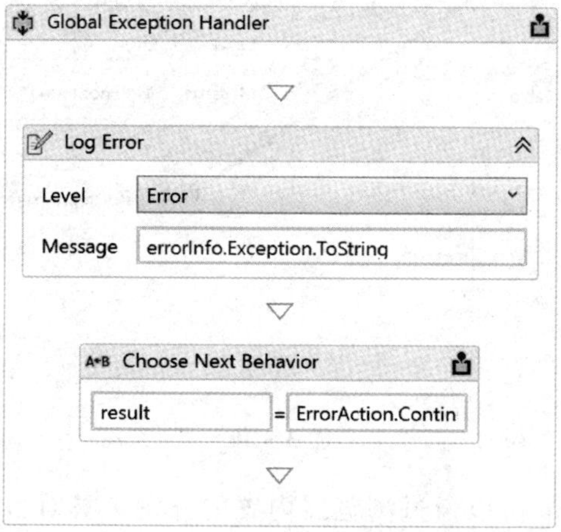

图 3-32

创建好后,会看到全局异常处理器已经包含两个活动,一个是 Log Message 活动,用于记录未处理异常的信息,这些信息通过 errorInfo 参数传入;另一个是 Assign 活动,用于指定接下来的动作,默认为 ErrorAction.Continue,表示执行全局异常处理器之后将会重新抛出异常,这个动作通过 result 参数传出。

你可以在这里实现你自己的策略,比如你可以把 result 参数的值设为 ErrorAction.Retry,表示再次尝试执行当前活动,然后通过 errorInfo 的 RetryCount 属性获取重试次数。一旦超过指定次数就给负责人发邮件,并把 result 参数的值设为 ErrorAction.Abort,表示中止流程。

3.6 一键发布和部署

做好的流程可以通过功能区的 Publish 按钮一键发布,如图 3-33 所示。

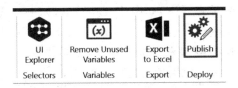

图 3-33

单击功能区的 Publish 按钮打开 Publish Project 窗口,如图 3-34 所示,默认发布到随 UiPath Studio 一起安装的本地机器人(Robot Defaults),可以在 Release Notes 下面的文本框中填写发布说明,然后单击窗口右下角的 Publish 按钮进行发布。

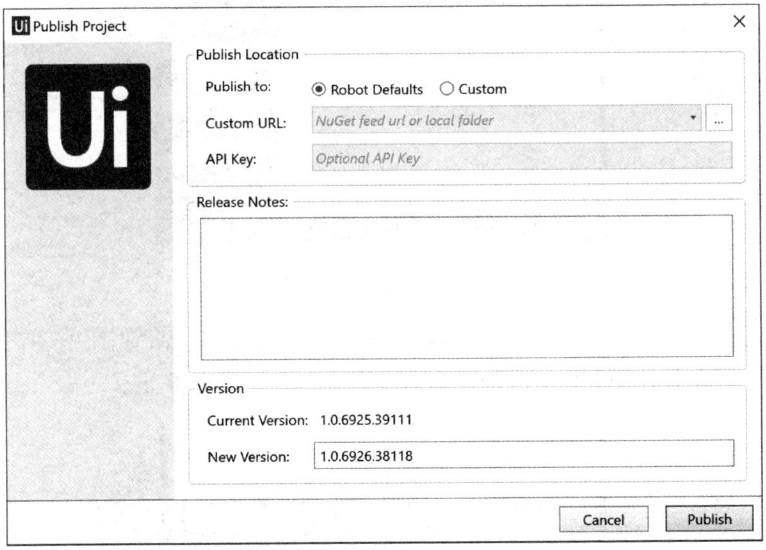

图 3-34

发布成功后将会显示 Info 窗口,如图 3-35 所示,上面显示项目名称、版本以及发布路径。

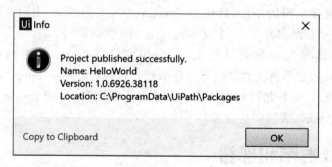

图 3-35

发布到本地机器人的流程可以通过 UiPath Robot 界面查看和运行。单击系统托盘的 UiPath Robot 图标打开它,如图 3-36 所示,如果系统托盘没有显示这个图标,你需要在开始菜单中找到并运行它。UiPath Robot 界面上的 Hello World 流程右边有一个按钮,因为这是刚刚发布的流程,需要单击这个按钮安装才能执行。另外,每次发布新版流程也需要单击这个按钮更新才能执行。

图 3-36

安装完毕后,单击 HelloWorld 流程右边的按钮执行流程,如图 3-37 所示,如果流程执行时间较长,还可以在执行的过程中暂停、恢复或者停止。

图 3-37

如果你要把这个流程发布到别人的机器上,可以从图 3-35 所示的目录找到这个流程对应的 NuGet 包,然后通过电子邮件或者其他方式发到目标机器,再把这个 NuGet 包复制到目标机器的"％ProgramData％\UiPath\Packages"目录中。

3.7 使用 Orchestrator CE 集中管理发布和部署

上一节介绍的部署方式只适合部署到本地或者目标机器很少的情况,如果目标机器很多,我们就需要 Orchestrator 了。UiPath 提供了 Orchestrator CE,这是一个运行在云端的免费 Orchestrator,UiPath Studio 社区版可以通过 UiPath Robot 连接到 Orchestrator CE。

在使用之前,需要创建一个 Orchestrator CE 服务实例。打开并登录 https://platform.uipath.com/portal_/cloudrpa,单击左边导航栏的 SERVICES,如图 3-38 所示,然后单击 Add Service 按钮创建。值得提醒的是,社区版只能添加一个 Orchestrator CE 服务实例,如果你需要不同的服务实例来隔离不同的数据和流程,则需要升级到企业版。

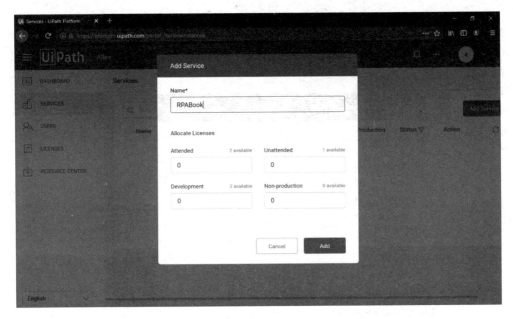

图 3-38

创建后,单击服务实例的名字打开 Orchestrator CE 的主页,如图 3-39 所示,在这里可以看到你有多少流程和机器人等信息。值得提醒的是,Orchestrator CE 也支持简体中文,可以通过左下角的下拉菜单切换语言。

要把装在本机的机器人连接到 Orchestrator CE,得先获取本机的机器名。右击

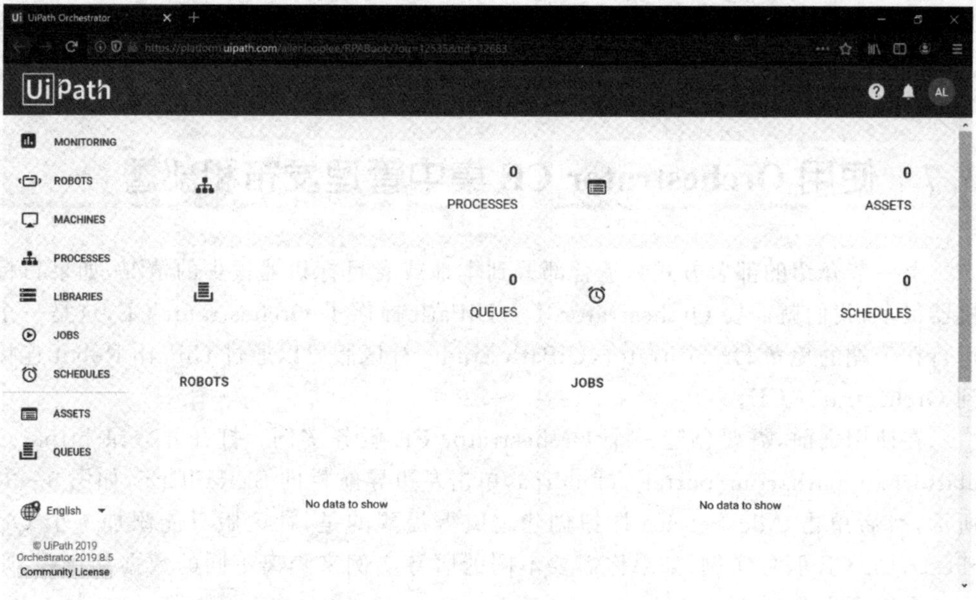

图 3-39

系统托盘的 UiPath Robot 图标，单击上下文菜单中的 Orchestrator Settings 打开 Orchestrator Settings 窗口，如图 3-40 所示，从 Machine Name 右边的文本框中复制本机的机器名。

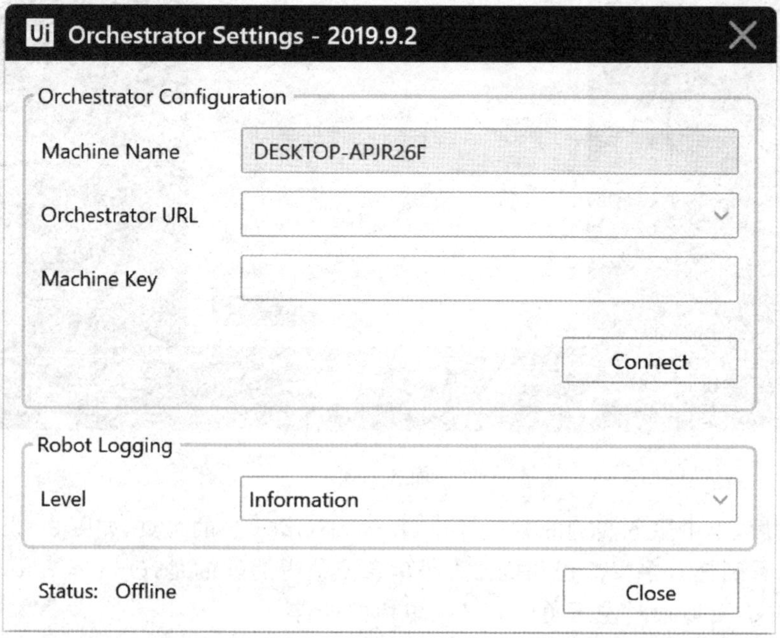

图 3-40

回到 Orchestrator CE，单击左边导航栏的 ROBOTS，单击机器人列表右上角的添加按钮，单击 Standard Robot（标准机器人）打开创建标准机器人的窗口，如图 3-41 所示。把刚才复制的机器名粘贴到 Machine 下面的文本框中，接着单击 Provision machine 按钮创建这个机器，然后补全其他信息，带"＊"号的是必填字段，其他可不填，Type 可以选择 Development，表示这是用于开发的机器人。值得提醒的是，如果你要用无人值守机器人执行流程，需要在这里提供登录机器的用户名和密码。填写完毕后就单击窗口右下角的 CREATE 按钮。

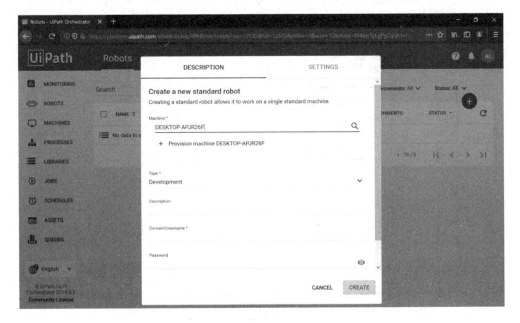

图 3-41

创建完毕后，可以在机器人的列表中看到刚才创建的机器人，如图 3-42 所示。注意，这个机器人的状态是 Disconnected（已断开），表示本机的机器人没有连接到 Orchestrator CE。

NAME	MACHINE	USERNAME	TYPE	ENVIRONMENTS	STATUS
DevBot	DESKTOP-APJR26F	allenlooplee	Development		Disconnected

图 3-42

单击左边导航栏的 MACHINES 可以看到刚才创建的机器，如图 3-43 所示。单击右边的 More Actions 按钮，并单击上下文菜单的按钮查看并复制这个机器

图 3 – 43

的键值,如图 3 – 44 所示。

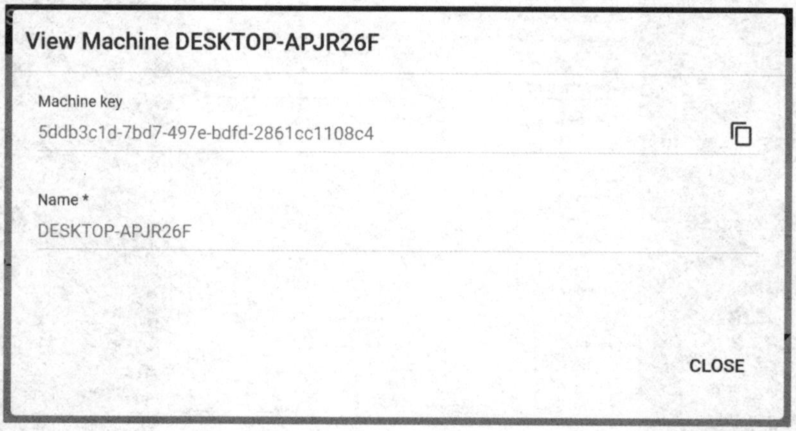

图 3 – 44

回到 Orchestrator Settings 窗口,在 Orchestrator URL 右边的文本框中输入 https://platform.uipath.com/allenlooplee/RPABook/,接着把刚才复制的机器的键值粘贴到 Machine key 右边的文本框中,然后单击 Connect 按钮。稍等片刻,窗口左下角就会显示"Connected,licensed(已连接,已许可)",表示本机的机器人已经连接到 Orchestrator CE 了,如图 3 – 45 所示。

此时,再去 Orchestrator CE 查看之前创建的机器人,就会发现它的状态变成 Available(可用),表示我们可以通过 Orchestrator CE 对它进行部署和监控了,如图 3 – 46 所示。

与此同时,之前创建的机器也显示了本机所装的 UiPath Robot 的版本,如图 3 – 47 所示。

回到系统托盘,会发现 UiPath Robot 图标变色了,单击这个图标打开 UiPath Robot 界面,也能看到底部显示的状态是"Connected,licensed",如图 3 – 48 所示。因为机器人目前连接到 Orchestrator CE 而不是本地,所以流程列表里面没有东西,

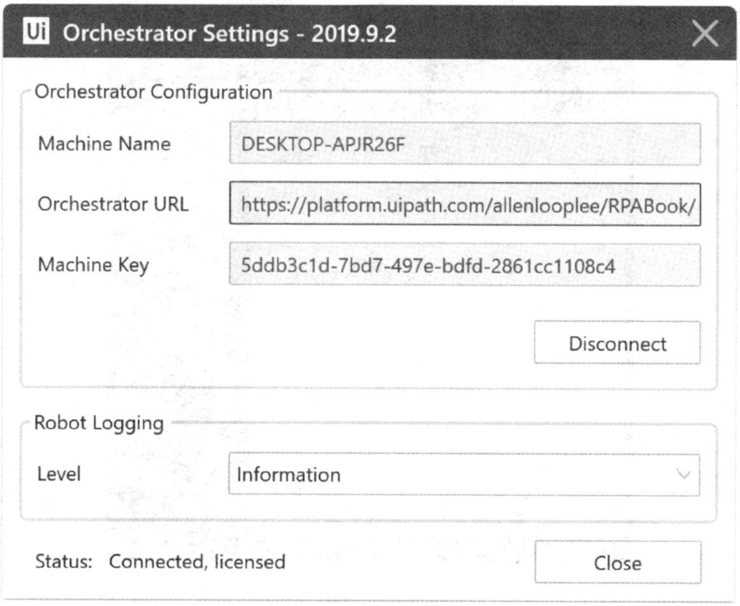

图 3-45

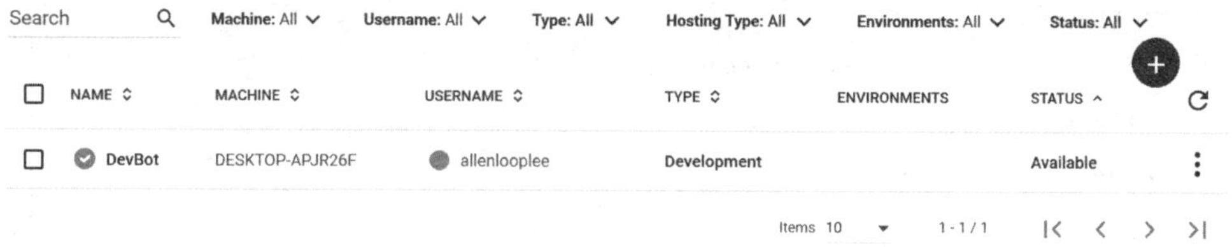

图 3-46

图 3-47

即使我们之前把一个流程发布到了本地。

接下来,我们要把流程重新发布到 Orchestrator CE。单击功能区的 Publish 按钮打开 Publish Project 窗口,如图 3-49 所示,可以看到 Publish to 已经从之前的 Robot Defaults 变成 Orchestrator 了,单击窗口右下角的 Publish 按钮进行发布。

发布成功后将显示 Info 窗口,如图 3-50 所示,上面显示项目名称和版本,但没有发布路径了。

图 3-48

图 3-49

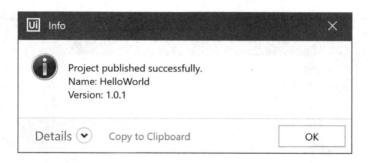

图 3-50

回到 Orchestrator CE,单击左边导航栏的 PROCESSES,然后单击顶部的 Packages,如图 3-51 所示,可以看到我们刚刚发布的 HelloWorld 流程。事实上,在 Orchestrator 的术语体系中,这个 HelloWorld 不叫流程,而叫包(Package),流程(Process)用来表示包和环境的关联,每个环境(Environment)都是一组机器人(Robot),每个机器人都会装在一台机器(Machine)上。

图 3-51

为了创建流程,先要创建一个环境。单击左边导航栏的 ROBOTS,然后单击顶部的 Environments,单击环境列表右上角的添加按钮打开 Create Environment 窗口,如图 3-52 所示,输入环境名称,然后单击窗口右下角的 CREATE 按钮。

此时,会显示 Manage Environment 窗口,如图 3-53 所示,在机器人列表中勾选 DevBot,然后单击窗口右下角的 UPDATE 按钮。如果有多个机器人连接到 Orches-

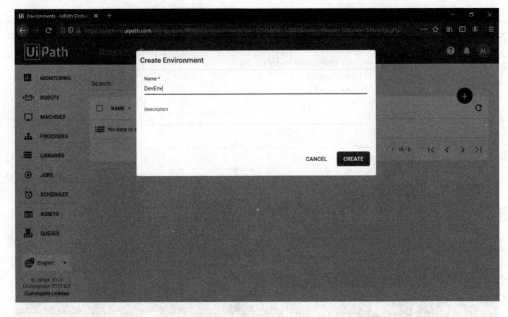

图 3-52

trator CE 的这个租户,它们也会在这个列表中显示。如果你想把一个包部署到多个机器人,可以在这里选择它们。

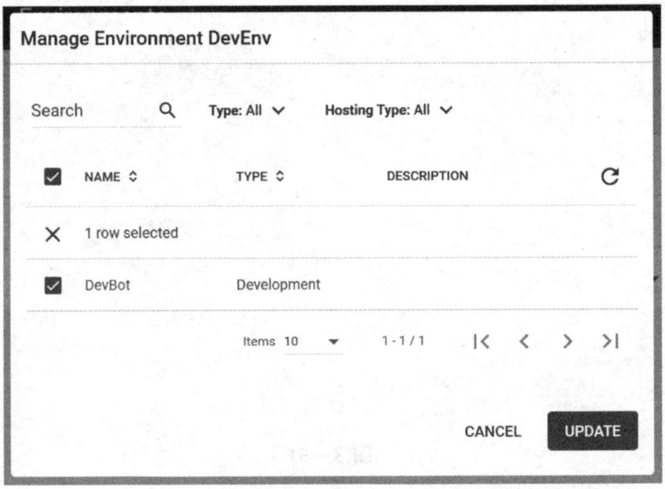

图 3-53

单击左边导航栏的 PROCESSES,单击流程列表右上角的添加按钮打开 Deploy Process 窗口,如图 3-54 所示,在 Package Name 下面的下拉列表中选择 HelloWorld,在 Package Version 下面的下拉列表中选择你想部署的版本,在 Environment 下面的下拉列表中选择你想关联的环境,然后单击窗口右下角的 CREATE 按钮。

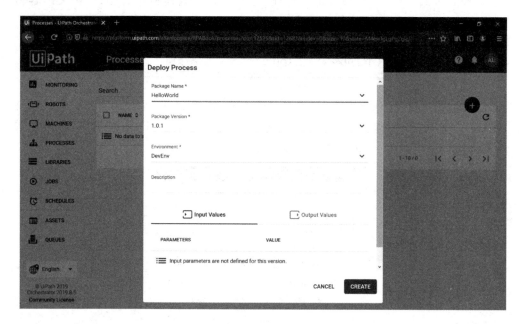

图 3-54

回到桌面的 UiPath Robot 界面，如图 3-55 所示，我们刚才创建的流程已经在列表上显示了，从名字不难看出这个流程是哪个包和哪个环境的关联。现在，你可以安装和执行这个流程了。

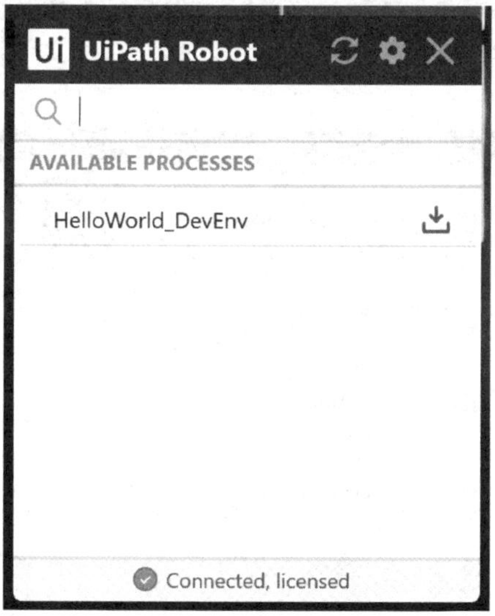

图 3-55

Orchestrator CE 不但可以部署流程,还可以执行流程和计划任务,相关内容将在下一章介绍。

3.8 代码组织和版本控制

新创建的项目只有 Project.json 和 Main.xaml 两个文件,前者包含了项目的基本信息,如名称、依赖和入口点等,后者是入口点的文件。在 Project 窗口中,可以看到 Main.xaml 文件和依赖,如图 3-56 所示。

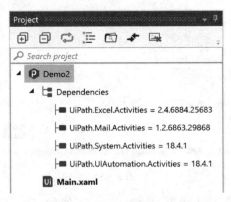

图 3-56

单击功能区的 Manage Packages 按钮打开 Manage Packages 窗口,如图 3-57

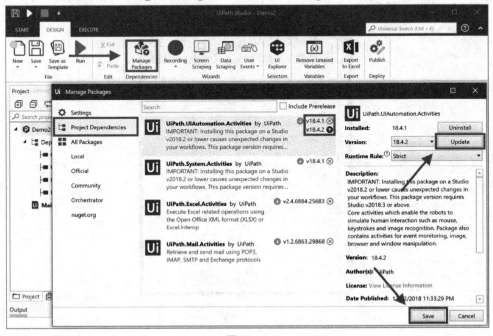

图 3-57

所示,可以在这里管理项目依赖。单击左边导航栏的 Project Dependencies,窗口中间的列表会显示当前依赖,窗口右边则显示选中依赖的详细信息。留意 UiPath. UIAutomation. Activities 右边有两个版本号,上面那个是当前版本,下面那个是最新版本。如果你要更新这个依赖,可以单击 Update 按钮,然后单击窗口右下角的 Save 按钮,UiPath Studio 会下载并更新这个依赖。

在开发前,建议你打开官网(https://activities.uipath.com),如图 3 - 58 所示,查看有哪些现成的活动,如何使用它们,可以在哪些包中找到它们。

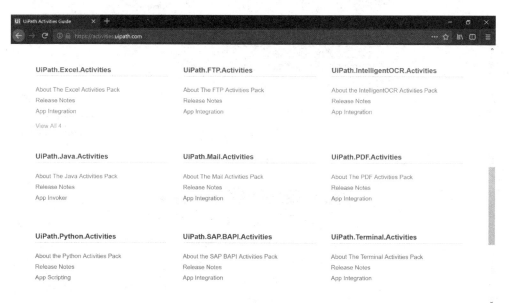

图 3 - 58

假设你想在项目中调用 Python 脚本,从官方得知这需要添加 UiPath. Python. Activities 依赖。可以单击 Manage Packages 窗口左边导航栏的 Official,在窗口顶部的搜索框中输入 UiPath,在窗口中间的列表中找到并单击 UiPath. Python. Activities 包,在包的详细信息中单击 Install 按钮,然后单击窗口右下角的 Save 按钮。此时,会在 Project 窗口的 Dependencies 下看到刚才添加的依赖,如图 3 - 59 所示。

在开发流程时,我们通常不会把整个流程都放在 Main. xaml 中,而是把一个流程分解成若干子流程,每个子流程都会放在单独的文件中,这些文件会放在专门的文件夹中,如图 3 - 60 所示。

然后在 Main. xaml 中设计流程的顶层结构,并通过 Invoke Workflow File 活动调用对应的子流程文件,如图 3 - 61 所示,这样可以提升流程的可维护性和子流程的可重用性。

Invoke Workflow File 活动的设置很简单,你只需要告诉它要调用的子流程路径就行了,如图 3 - 62 所示。值得提醒的是,子流程不能访问父流程的变量,如果父

图 3-59

图 3-60

流程和子流程之间要传输数据,就要使用参数(Argument),将在下一章介绍。

除了自己从头开始创建一个项目,也可以使用现成的模版,如 UiPath Studio 自带的三个模版和"UiPath Go!"上社区开发者发布的工作流模版,这些模版通常都会包含预设的文件夹结构和流程的顶层设计。

做好的流程一般都会通过版本控制系统管理起来,如 Git。如果你打算在 GitHub 上开源,可以选择 GitHub 自家提供的 GitHub Desktop;如果你打算在 GitLab 或者 Bitbucket 上开源,可以试试 Git Kraken 的 Git Client(https://www.gitkraken.com/git-client);如果你打算使用 Azure DevOps(以前叫做 VSTS),可以通过 UiPath Studio 的 Team 页面链接服务。

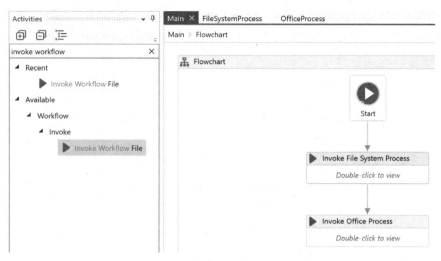

图 3 – 61

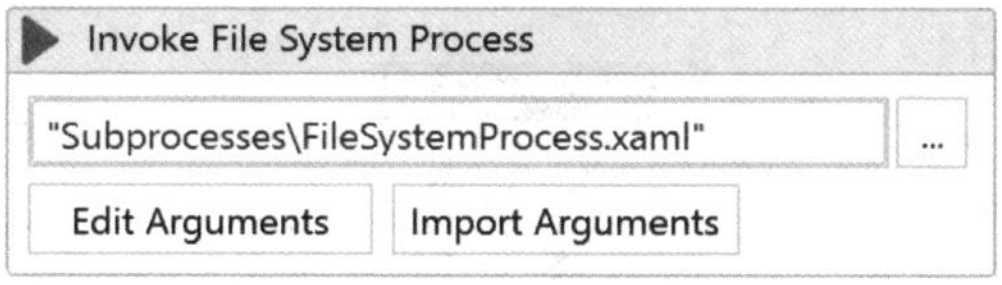

图 3 – 62

下面来看看怎么使用 GitHub Desktop 进行版本控制。先去 https://desktop.github.com 下载安装文件,然后登录。登录之后可以看到三个选择,如图 3 – 63 所示。因为我们的项目还没有加入版本控制,所以选择左边的 Create new repository 并单击,创建一个新的仓库。

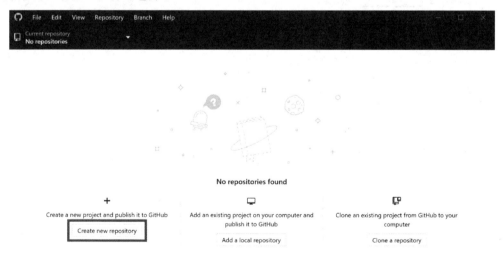

图 3 – 63

在弹出的 Createa new repository 窗口中输入相关信息,如名字、描述、路径和许可协议等,如图 3-64 所示,然后单击窗口底部的 Create repository 按钮。

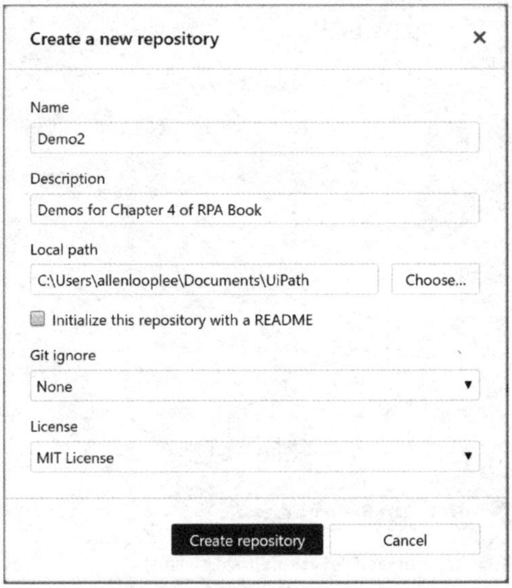

图 3-64

此时,GitHub Desktop 会在 Demo2 文件夹中创建相关的 Git 文件,并进行首次提交,你可以在 History 页面中看到这次提交的详细信息,如图 3-65 所示。

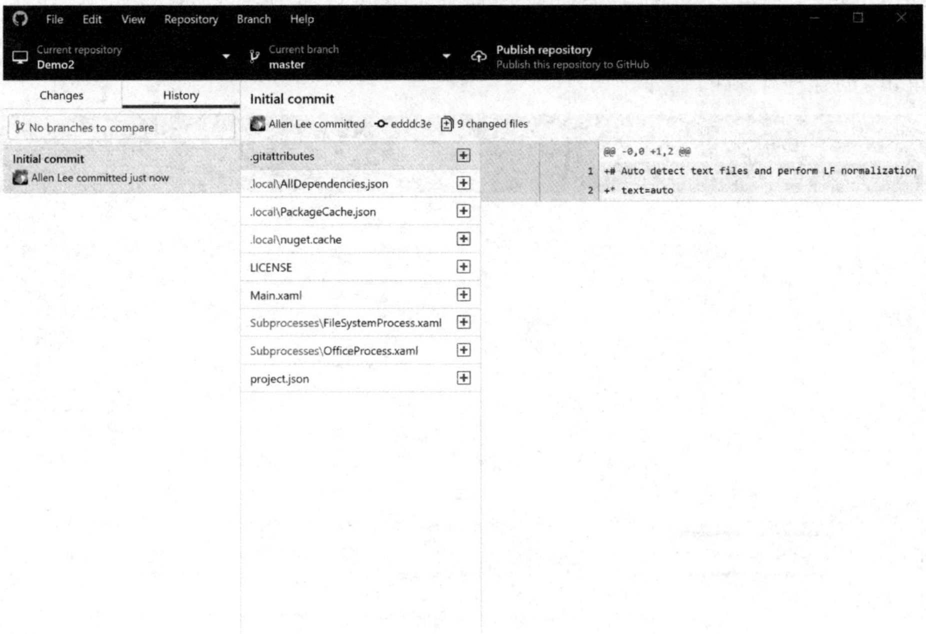

图 3-65

如果你修改了 Main.xaml 文件,如在流程末尾添加了一个 WriteLine 活动,GitHub Desktop 会在 Changes 页面显示你的更改,如图 3-66 所示。你可以在窗口左下角输入更改的摘要和描述,然后单击 Commit to master 按钮提交。提交后,可以通过窗口顶部的 Publish repository 按钮发布到 GitHub。

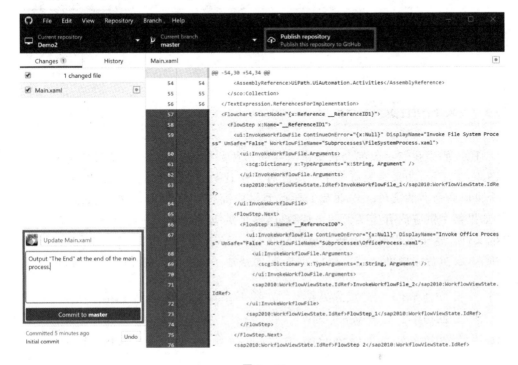

图 3-66

一般情况下,我们不会直接在 master 分支上修改代码,而是先创建一个代码分支。改完之后,测过没有问题,再把这个代码分支合并到 master 分支。你可以通过窗口顶部的 Current branch 按钮执行新建、切换以及合并分支等操作。

第 4 章

常用技能和使用示例

4.1 文件和文件夹

任务：假设我们每天都会收集供应商的来往数据，这些数据是按照日期组织的，如图4-1所示，如果某天有某个供应商有了来往数据，这天的文件夹就会有一个以这个供应商命名的文件。现在我们要按照供应商重新组织这些文件，如图4-2所示，如果某个供应商有了某天的来往数据，这个供应商的文件夹就会有一个以这天命名的文件。这个流程每天下班之后都会执行一次，把当天的供应商的来往数据重新组织，每次执行完毕都会记录执行日志，日志描述了从哪里把哪个文件复制到哪里。

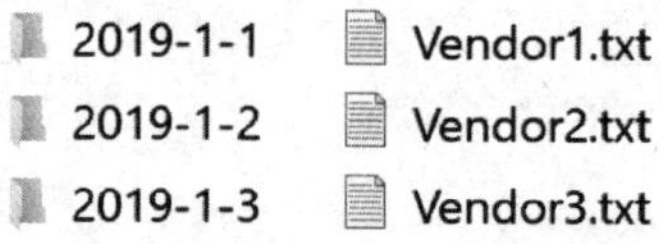

2019-1-1	Vendor1.txt	Vendor1	2019-1-1.txt
2019-1-2	Vendor2.txt	Vendor2	2019-1-2.txt
2019-1-3	Vendor3.txt	Vendor3	2019-1-3.txt

图 4-1 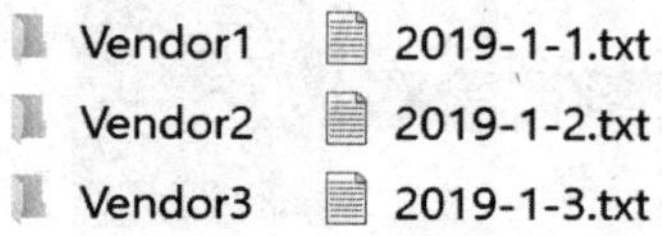　　　　　　　　　　　图 4-2

步骤：
① 判断今天的文件夹是否存在，如果不存在就结束流程；
② 如果存在，获取里面的所有文件；
③ 把每个文件复制到这个供应商的文件夹，并把文件重命名为今天的日期；
④ 在日志文件中添加一条记录。

活动：Flow Decision、Assign、Copy File、Append Line 和 For Each。

实现：打开上一节最后创建的 Demo2 项目，打开 Subprocesses 文件夹中的 FileSystemProcess.xaml 文件，删除所有活动（如果有的话）。在 Variables 窗口中创建4个变量，如图4-3所示。这些变量分别表示按照日期组织的文件夹（图4-1）、按照供应商组织的文件夹（图4-2）、日志文件和今天的文件夹。其中，今天的文件夹是由 SourceFolder 和今天的日期按照指定格式输出的字符串拼接而成，字符串拼接可以通过"＋"或"&"运算符实现。

把一个 Flow Decision 活动拖到 Start 节点下面，如图4-4所示，在 Properties

Name	Variable type	Scope	Default
SourceFolder	String	FileSystemProcess	"C:\Users\allenlooplee\Documents\FileProcess\ByDates"
DestFolder	String	FileSystemProcess	"C:\Users\allenlooplee\Documents\FileProcess\ByVendors"
LogFile	String	FileSystemProcess	"C:\Users\allenlooplee\Documents\FileProcess\log.txt"
TodayFolder	String	FileSystemProcess	SourceFolder + "\" + DateTime.Today.ToString("yyyy-M-d")

图 4-3

窗口把 Flow Decision 活动的 Condition 属性设为 Directory.Exists(TodayFolder)，如果 TodayFolder 存在，Exists 函数返回 True，否则返回 False。把一个 Assign 活动拖到 Flow Decision 活动的左下方，并连接到它的 True 分支，创建一个 TodayFiles 变量，变量的类型设为字符串数组，通过 Assign 活动把 Directory.GetFiles(TodayFolder)赋值给 TodayFiles 变量，GetFiles 函数可以返回指定文件夹中的所有文件。

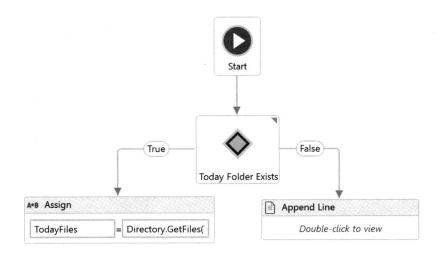

图 4-4

把一个 Append Line 活动拖到 Flow Decision 活动的右下方，并连接它的 False 分支，然后把 Append File 活动的 FileName 属性设为 LogFile，把 Text 属性设为 "DateTime.Now.ToString() + "：no files to copy""，如图 4-5 所示。

把一个 For Each 活动拖到 Assign 活动下方，并把它们连接起来，如图 4-6 所示。

双击 For Each 活动打开编辑视图，把 For Each 活动的 item 变量重命名为 file，把 Values 属性设为 TodayFiles，如图 4-7 所示。

按照表 4-1 所列创建 3 个变量，并通过 Assign 活动依次设为对应的值，如图 4-8 所示。

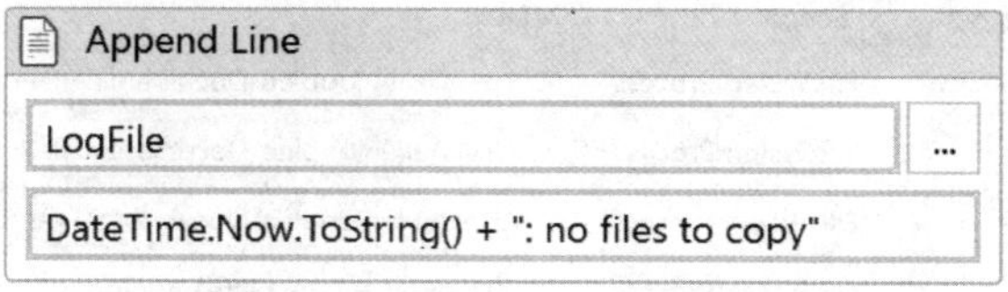

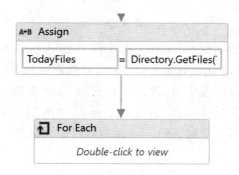

图 4 - 5

图 4 - 6

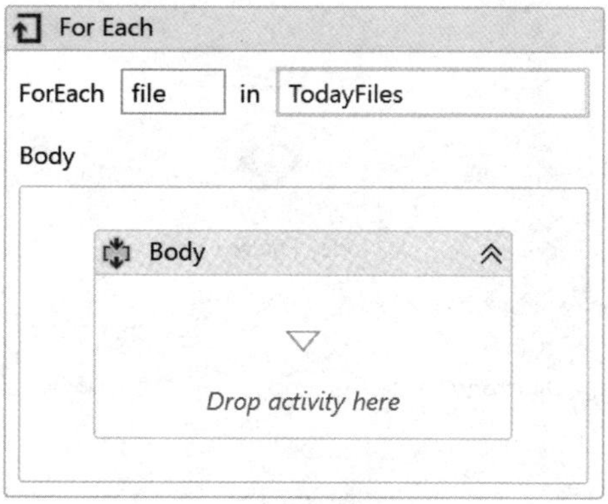

图 4 - 7

表 4 - 1

变量名	变量值
VendorName	Path. GetFileNameWithoutExtension(CType(file, String))
VendorFolder	DestFolder + "\" + VendorName
DestFile	Path. Combine(VendorFolder, DateTime. Today. ToString("yyyy-M-d") + ". txt")

把一个 Copy File 活动拖到 Assign 活动下面，其 Path 属性设为 CType(file,

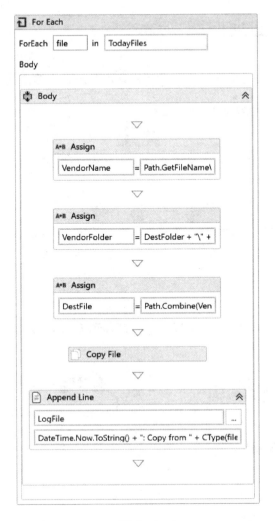

图 4-8

String），Destination 属性设为 DestFile。把一个 Append Line 活动拖到 Copy File 活动下面，其 FileName 属性设为 LogFile，把 Text 属性设为 "DateTime. Now. ToString( ) + ": Copy from " + CType(file, String) + " to " + DestFile"。

大功告成！现在你可以执行这个流程看看效果，可以分别试试今天的文件夹存在和不存在这两种情况。

这里假设所有供应商都有对应的文件夹，如果哪天来了一个新的供应商，那么 Copy File 活动将会出错。对于这种情况，可以在执行 Copy File 活动之前先判断 VendorFolder 是否存在，如果不存在就创建一个，这将用到 If 活动和 Create Directory 活动，我把这个需求更改当作课后练习留给读者。

4.2 Web 和数据抓取

任务：上海证券交易所官网每天都会公布排名前二十的活跃股，如图 4-9 所示。

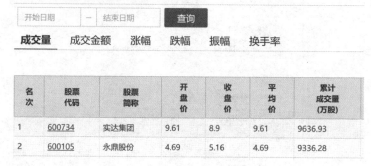

图 4-9

选取当日成交量最大的那只股票，然后打开东方财富网的股吧抓取这只股票的热帖标题，如图 4-10 所示。

图 4-10

步骤：

① 打开上海证券交易所活跃股排名页面，默认显示按照成交量的排名；

② 把整个表格抓取下来，然后提取排名第一的股票代号；

③ 进入这只股票的股吧热帖页面；

④ 抓取当前页面显示的所有热帖标题和最后更新时间；

⑤ 把数据保存到 CSV 文件,文件名为对应的股票代号。

活动:Open Browser、Attach Browser、Extract Structured Data 和 Navigate To。

实现:首先,在 Subprocesses 文件夹中创建一个名为 WebScraping 的空白 Sequence 流程,并从 Activities 窗口把 Open Browser 活动拖到 WebScraping 容器中,如图 4-11 所示,它负责打开一个新的浏览器。把 Open Browser 活动的 Url 属性设为"http://www.sse.com.cn/market/stockdata/activity/",把 BrowserType 属性设为 Firefox。

图 4-11

使用 Firefox 浏览器打开刚才的网址,如图 4-12 所示。

单击功能区的 Data Scraping 按钮,此时 UiPath Studio 的主界面将最小化,并显示 Extract Wizard 窗口,如图 4-13 所示。单击窗口右下角的 Next 按钮,然后使用鼠标指针选择排名第一的股票代码。

此时,Extract Wizard 会发现股票代码处于一个表格之中,于是问你是否要提取整个表格的数据,如图 4-14 所示,此处单击 Yes 按钮。

此时,Extract Wizard 会展示从整个表格提取的数据,如图 4-15 所示。

单击窗口右下角的 Finish 按钮完成数据提取。此时,Extract Wizard 会问你数据是否跨多个页面;如果是,是否需要帮你把其他页面的数据也提取出来,如图 4-16 所示。虽然整个排名的确跨多个页面,但是我们只要第一条数据,因此,单击 No 按钮表示不必提取其他页面的数据。

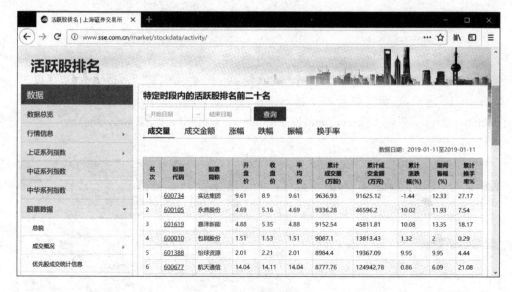

图 4-13

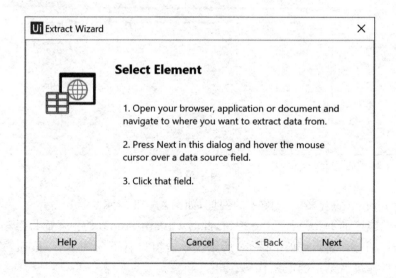

图 4-13

此时，Extract Wizard 会在 Open Browser 活动下面生成提取数据的活动，如图 4-17 所示，Attach Browser 活动负责找到指定的现有浏览器，Extract Structured Data 活动负责提取指定表格中的数据，并把这些数据保存在一个名为 ExtractData-Table 的变量中，你可以在 Variables 窗口中把这个变量重命名为更合适的名称。

在 Variables 窗口中创建一个名为 StockSymbol 的变量，类型设为 String，并把它的作用域设为最外层，在这里就是 WebScraping。然后通过 Assign 活动给它赋值 Extract Data Table.Rows(0).Item(1).ToString()，如图 4-18 所示。这是 VB.

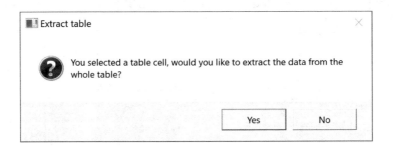

图 4-14

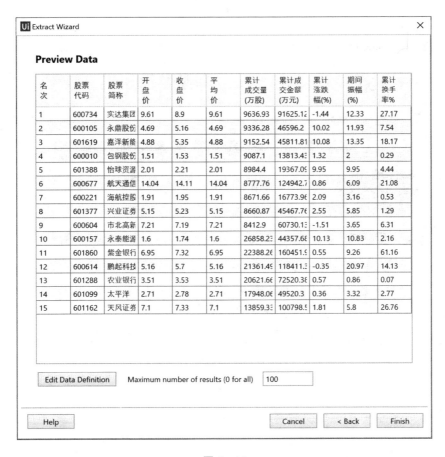

图 4-15

NET 代码，它可以获取 ExtractDataTable 的第一行第二列的值，并把该值转成字符串，对比图 4-15 来看，这个值就是我们想要的排名第一的股票代码。

从 Activities 窗口把一个 Navigate To 活动拖到 Assign 活动下面，如图 4-19 所示，并把 Navigate To 活动的 Url 属性设为 ""http://guba.eastmoney.com/list," +

StockSymbol + ",99.html"",这样就能就地打开指定股票代号的股吧热帖页面了。

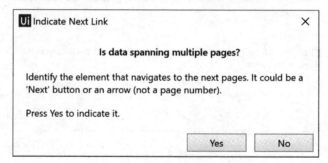

图 4-16

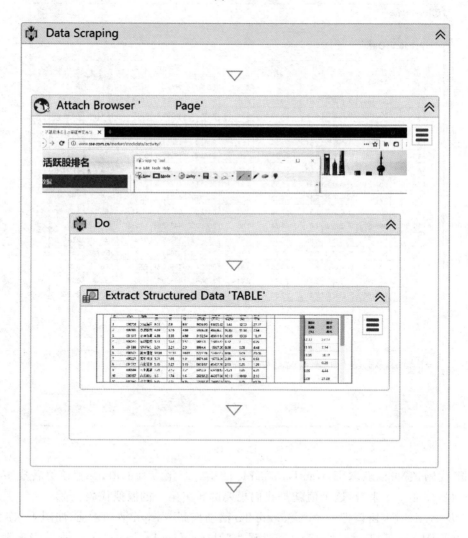

图 4-17

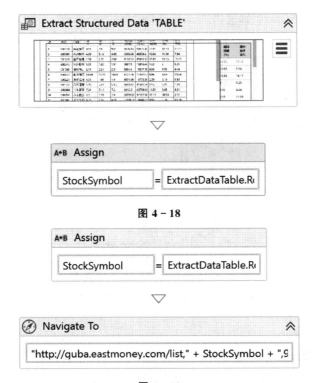

图 4-18

图 4-19

再次单击功能区的 Data Scraping 按钮,此时会显示 Extract Wizard 窗口,如图 4-13 所示,单击窗口右下角的 Next 按钮,然后使用鼠标指针选择第一个热帖标题。此时,Extract Wizard 窗口会提示你选择另一个同类元素,如图 4-20 所示,单击窗口右下角的 Next 按钮,然后使用鼠标指针选择第二个热帖标题。

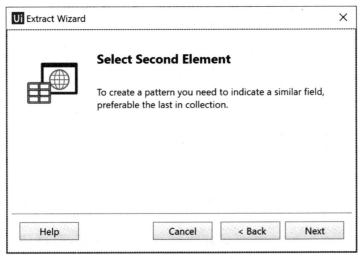

图 4-20

此时，Extract Wizard 会突出当前页面的所有热帖标题，告诉你它根据你选择的两个元素找到这些同类元素，如图 4-21 所示，然后单击窗口右下角的 Next 按钮。

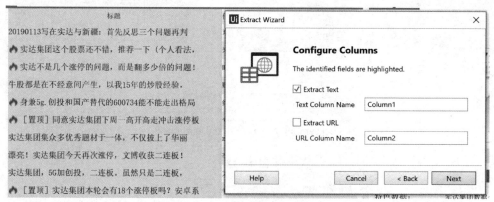

图 4-21

此时，Extract Wizard 会展示从表格的"标题"列提取的数据，如图 4-22 所示。如果我们只要这列数据，可以单击 Finish 按钮关闭 Extract Wizard 窗口；如果我们

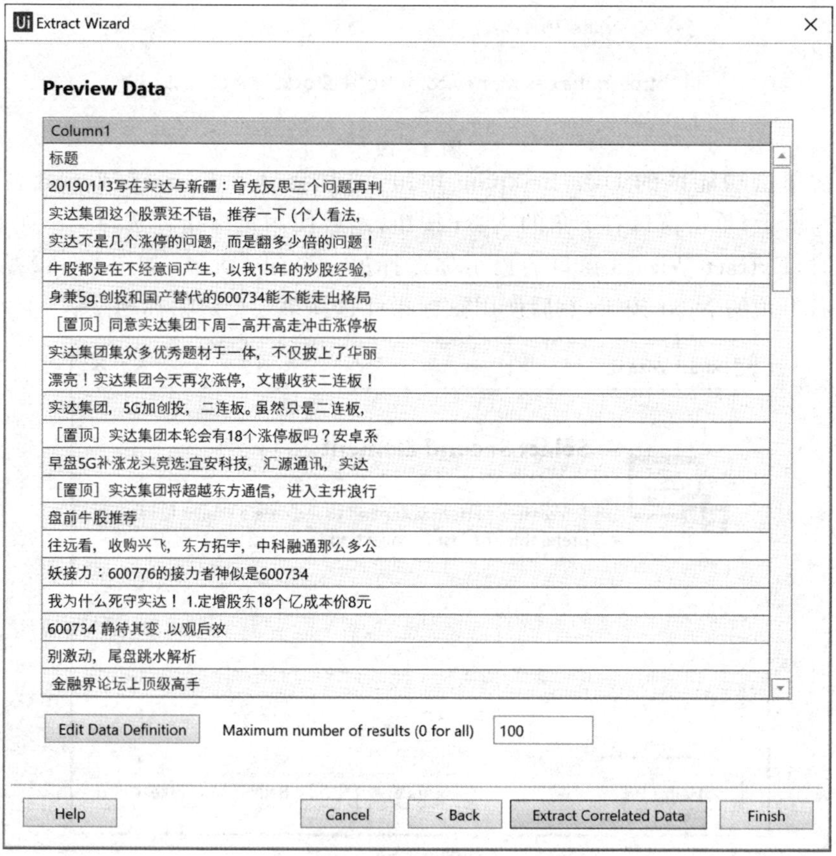

图 4-22

还想提取其他列的数据,可以单击 Extract Correlated Data 按钮继续提取。

因为还要提取"最后更新"列的数据,所以单击 Extract Correlated Data 按钮,然后使用鼠标选择第一和第二个最后更新的时间,Extract Wizard 同样会突出所有同类元素,如图 4-23 所示。

当单击 Next 按钮时,Extract Wizard 窗口会同时显示"标题"列和"最后更新"列的数据,如图 4-24 所示。

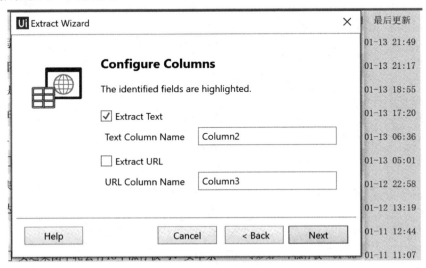

图 4-23

此时,如果单击 Finish 按钮,Extract Wizard 会问你数据是否跨多个页面,如图 4-16 所示,可以单击 Yes 按钮,然后使用鼠标选择页面底部的"下一页"链接。值得提醒的是,你应该先向下滚动页面,当看到"下一页"链接时才单击 Yes 按钮进行选择。

完成后,Extract Wizard 会在流程末尾生成提取数据的活动,如图 4-25 所示,它提取的数据也保存在一个名为 ExtractDataTable 的变量中,但两个 ExtractDataTable 变量的作用域是不同的,因此没有冲突。

现在,把一个 Write CSV 活动拖到 Extract Structured Data 活动下面,如图 4-26 所示。把 Write CSV 活动的 Data Table 属性设为 ExtractDataTable,把 FilePath 属性设为"StockSymbol + ".csv"",然后取消选中 Add Headers 属性,这意味着输出的数据不会包含图 4-24 的 Column1 和 Column2。最后再把 Close Tab 活动拖到 Write CSV 活动下面,用来关闭浏览器。

大功告成!按 F5 执行流程,然后在工程文件夹中找到输出的 CSV 文件,打开看看里面的数据。

图 4－24

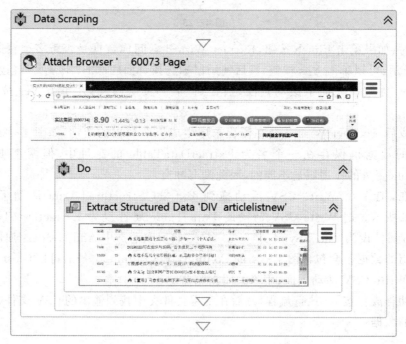

图 4－25

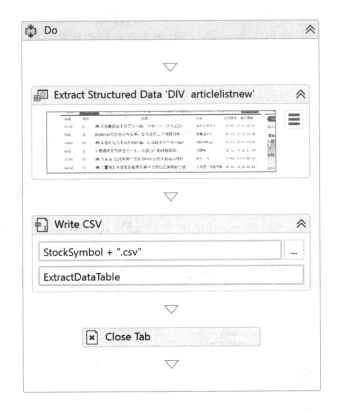

图 4-26

如果有兴趣，后续还有两个地方可以改善，一个是流程中自动生成的活动太散乱太冗余，你可以把它们整理到一起，也就是把两次自动生成的 Do 中的活动（图 4-17 和图 4-25）以及我们后面手动添加进去的活动都搬到 Open Browser 活动的 Do 中（图 4-11），搬运的时候需要修改两个 Extract Structured Data 活动输出的 Extract-DataTable 变量的名称和作用域。另一个是把热帖的链接也提取出来（提示：图 4-21 的 Extract URL），日后如果要进一步提取热帖下的评论时可以使用。

4.3 SQLite 数据库

任务：把上一节从股吧抓取的数据插入 SQLite 数据库。这里选择 SQLite 数据库主要是为了免除各种安装和配置的干扰，但这里介绍的内容并不限定 SQLite 数据库。

步骤：

① 把指定 CSV 文件的数据读到一个 DataTable 中；

② 把 DataTable 的"标题"和"最后更新"两列重命名为"title"和"last_updated";

③ 向 DataTable 添加一个 symbol 列,用来存放股票代号;

④ 连接数据库(文件);

⑤ 创建 post 表;

⑥ 把 DataTable 的数据插入 post 表;

⑦ 关闭数据库连接。

活动:Read CSV、Add Data Column、Connect、Execute Non Query、Insert 和 Disconnect。

实现:首先,在 Subprocesses 文件夹中创建一个名为 SQLiteProcess 的空白 Sequence 流程。在开始设计流程之前,得先添加 UiPath.Database.Activities 和 SQLite 两个包,如图 4-27 所示,前者包含了连接、插入和查询等数据库操作的活动,后者包含 SQLite 的 .NET 库。

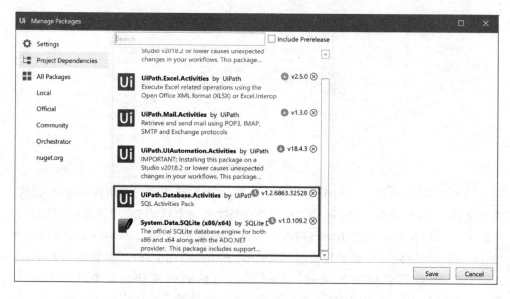

图 4-27

把一个 Read CSV 活动拖到流程中,如图 4-28 所示。把它的 FilePath 属性设为 CSV 文件的路径,然后创建一个 PostTable 变量,类型为 System.Data.DataTable,并把 Read CSV 活动的 DataTable 属性设为 PostTable,Read CSV 活动会把 CSV 文件的数据读到 PostTable。这里为了简单起见只读取一个 CSV 文件的数据,但在实际开发中,你可以使用本章第 1 节介绍的技术读取指定文件夹中所有 CSV 文件的数据。

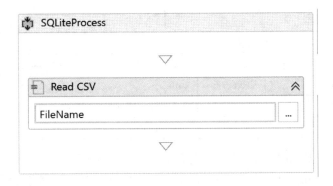

图 4 - 28

把两个 Assign 活动拖到 Read CSV 活动下面，并把它们分别重命名为 Rename the first column 和 Rename the second column，如图 4 - 29 所示，并按照表 4 - 2 所列设置它们的属性。需要说明的是，PostTable 是一个 DataTable 对象，它有一个 Columns 属性，存放了该表的所有列定义，可以通过索引器访问指定位置的列定义对象。第一列的索引 0，获取指定列定义对象后，可以通过修改它的 ColumnName 属性来修改列名。

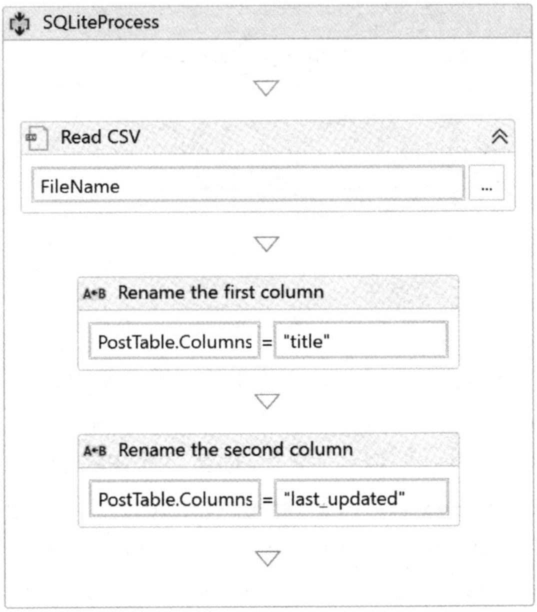

图 4 - 29

表 4-2

活动	属性	值
第一个 Assign 活动	To	PostTable.Columns(0).ColumnName
第一个 Assign 活动	Value	"title"
第二个 Assign 活动	To	PostTable.Columns(1).ColumnName
第二个 Assign 活动	Value	"last_updated"

把一个 Add Data Column 活动拖到第二个 Assign 活动下面，并把它重命名为 Add symbol column，如图 4-30 所示。它的 DataTable 属性设为 PostTable，ColumnName 属性设为 ""symbol"（包括双引号）"，TypeArgument 属性设为 String，DefaultValue 属性设为 Path.GetFileNameWithoutExtension(FileName)。Path.GetFileNameWithoutExtension 函数可以提取路径中的文件名（不包括扩展名），而按照前面的约定，CSV 文件是用股票代号来命名的，而这正是现在添加的 symbol 列的值。

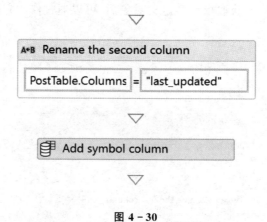

图 4-30

把一个 Connect 活动拖到 Add Data Column 活动下面，如图 4-31 所示。把它的 Connection String 属性设为 ""Data Source=db.sqlite;Version=3;""，里面的 db.sqlite 就是我们的数据库文件了。接着，创建一个 PostDbConnection 变量，类型为 UiPath.Database.DatabaseConnection，用来存放打开的 SQLite 数据库链接，方便后面的数据库操作使用。但是，ProviderName 属性没有 SQLite 可以选择，即使在 Properties 窗口强行把 ProviderName 属性设为 ""System.Data.SQLite""，Connect 活动也无法创建数据库链接。

如果是常规的.NET 项目，我们会在 App.config 文件中添加 <DbProviderFactories/> 配置，但现在这个情况，应该在哪里添加这个配置呢？毫无疑问，RPA 项目本质上也是一个.NET 程序，它应该有负责执行流程的.exe 以及对应的.config 文

图 4-31

件,那么这个.exe 文件在哪呢?答案是 UiPath Studio 安装文件夹中的 UiPath.Executor.exe 文件。

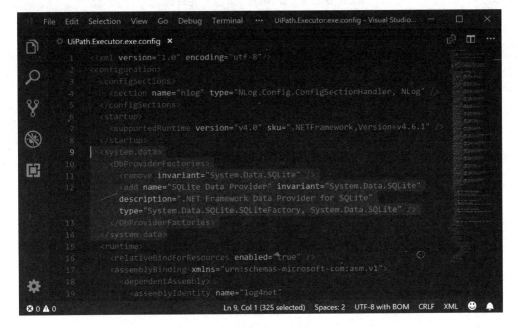

图 4-32

打开同一文件夹中的 UiPath.Executor.exe.config 文件,在 <configuration/>

中添加<DbProviderFactories/>配置,如图 4-32 所示,然后在 UiPath Studio 的 Properties 窗口中把 Connect 属性设为""System.Data.SQLite"",就能正常创建数据库连接了。将来如果更新了 UiPath Studio,这个配置将丢失,需要重新添加回来才能正常使用 SQLite。

如果现在打开图 4-31 的下拉框,会发现 System.Data.SQLite 不在里面,这是因为当前运行的程序是 UiPath.Studio.exe,在 UiPath.Studio.exe.config 文件中添加相同的<DbProviderFactories/>配置就可以看到 System.Data.SQLite 了。

把一个 Execute Non Query 活动拖到 Connect 活动下面,并将其重命名为 Create post table,如图 4-33 所示。把它的 Existing Connection 属性设为 PostDbConnection,把 Sql 属性设为""CREATE TABLE IF NOT EXISTS post (title TEXT, last_updated TEXT, symbol TEXT)""。

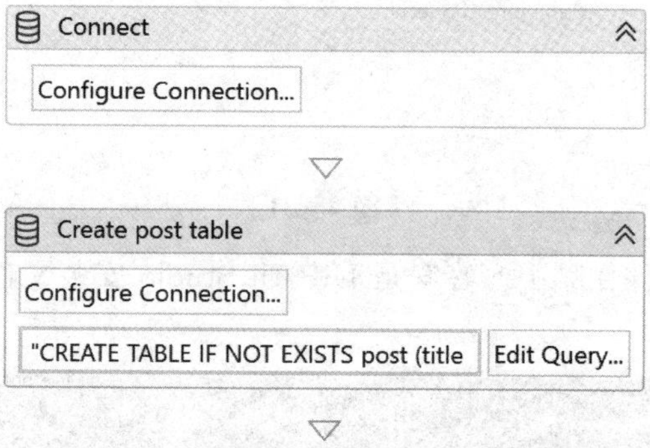

图 4-33

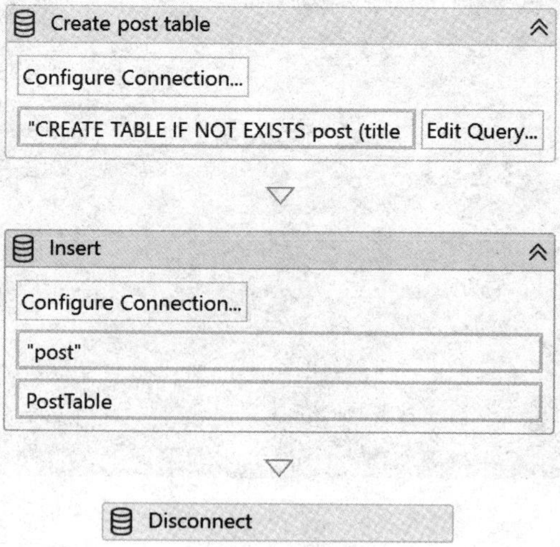

图 4-34

把一个 Insert 活动拖到 Execute Non Query 活动下面,如图 4-34 所示。其 Existing Connection 属性设为 PostDbConnection,TableName 属性设为""post"",DataTable 属性设为 PostTable。再把一个 Disconnect 活动拖到 Insert 活动下面,其 Existing Connection 属性设为 PostDbConnection。

大功告成!按 F5 执行流程,然后在工程文件夹中找到输出的 db.sqlite 文件,可以使用你喜欢的 SQLite 工具来查看里面的数据。

值得一提的是,如果你不想处理这么麻烦的配置,也可以试试 UiPath Go 的 Embed SQLite Database 自定义活动(https://go.uipath.com/component/sqlite-database-for-uipath)。

4.4 Office

任务:查看未读邮件,若有索取股吧热帖的邮件,则从数据库查询最新的数据并生成 Excel 文件,然后把这个文件作为附件回复对应的邮件。

步骤:

① 从 Outlook 获取的未读邮件中获取标题包含"股吧热帖"字眼的邮件,并把这些邮件设为已读;

② 如果邮件数量大于 0,则从数据库查询最后更新为今天的热贴标题;

③ 把查询结果保存到 Excel 文件,并把文件名设为今天的日期,格式为 yyyy-M-d;

④ 遍历第①步获取的邮件,并回复每封邮件,回复的时候添加第③步生成的 Excel 文件作为附件。

活动:Get Outlook Mail Messages、Connect、Execute Query、Disconnect、Excel Application Scope、Write Range、For Each 和 Reply To Outlook Mail Message。

实现:首先,打开 Subprocesses 文件夹中的 OfficeProcess.xaml 文件并删除所有活动,包括最外层的 Flowchart;接着,从 Activities 面板把 Sequence 活动拖到设计器空白处;然后,从 Activities 面板把 Get Outlook Mail Messages 活动拖到 Sequence 活动中,如图 4-35 所示。

在 Properties 面板上选中 MarkAsRead 属性,如图 4-36 所示,这会把获取的邮件标成已读。为 Messages 属性创建一个 UnreadMails 变量,用来保存获取的邮件。

从 Activities 面板把 Assign 活动拖到 Get Outlook Mail Messages 活动下面,如图 4-37 所示。为 Assign 活动的 To 属性创建一个 FilteredMails 变量,并把 Value 属性设为 UnreadMails.Where(Function(mail) mail.Subject.Contains("股吧热帖")).ToList(),这是 VB.NET 代码,结合了 LINQ 查询和 Lambda 表达式,它会从 UnreadMails 中找出主题包含"股吧热帖"的邮件。至此,我们完成了步骤中的第①步。

从 Activities 面板把 If 活动拖到 Assign 活动下面,如图 4-38 所示,并把 Condition 设为 FilteredMails.Count>0。

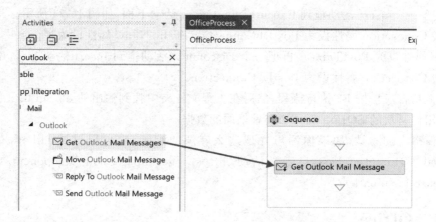

图 4 - 35

从 Activities 面板把 Connect 和 Disconnect 活动拖到 If 活动的 Then 区域中,如图 4 - 39 所示,并按照上一节的方法配置 SQLite 的数据库链接。

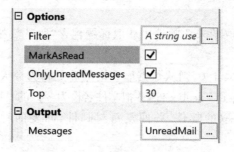

图 4 - 36

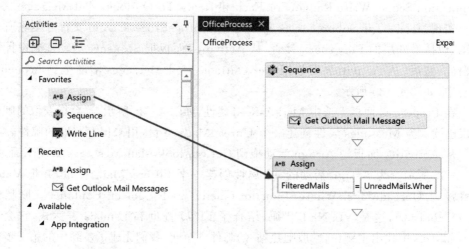

图 4 - 37

图 4 - 38

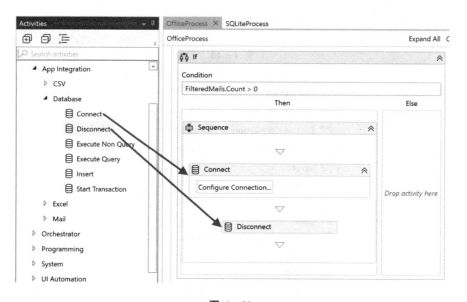

图 4 - 39

从 Activities 面板把 Execute Query 活动拖到 Connect 活动和 Disconnect 活动之间,如图 4 - 40 所示。

在 Properties 面板上,把 Existing Connection 属性设为 Connect 活动生成的连接对象,在这里是 PostDbConnection,如图 4 - 41 所示,然后把 Sql 属性设为 " "SE-LECT * FROM post WHERE last_updated LIKE '%" + DateTime. Today. ToString("MM-dd") + "%"",最后为 Data Table 属性创建一个 PostTable 变量,用来保存查询结果。至此,我们完成了步骤中的第②步。

从 Activities 面板把 Excel Application Scope 活动拖到 Disconnect 活动下面,如

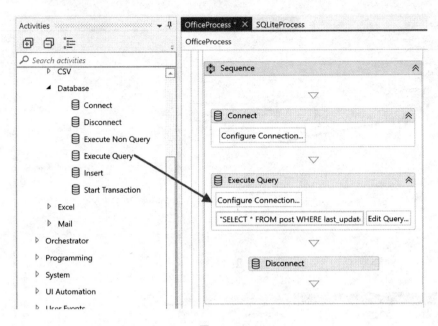

图 4-40

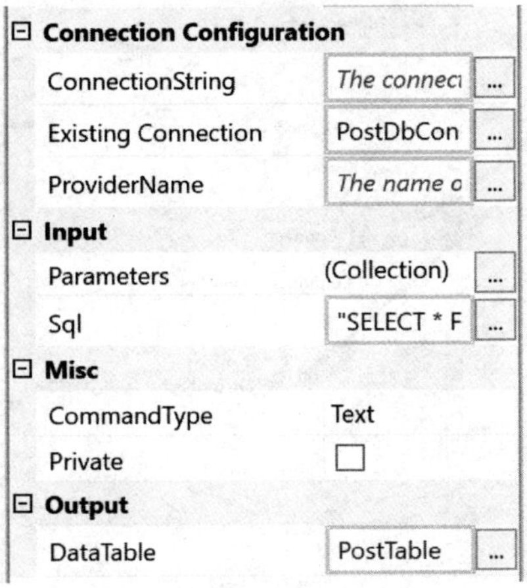

图 4-41

图 4-42 所示,并把 Excel Application Scope 活动的 WorkbookPath 属性设为 DateTime.Today.ToString("yyyy-M-d") + ".xlsx"。再从 Activities 面板把 Write Range 活动拖到 Excel Application Scope 活动中,并把 Write Range 活动的 DataTable 属性设为 PostTable。至此,我们完成了步骤中的第③步。

从 Activities 面板把 For Each 活动拖到 If 活动下面,如图 4-43 所示,并把 Values 属性设为 Filtered Mails。然后从 Activities 面板把 Reply To Outlook Mail Message 活动拖到 For Each 活动中,把 MailMessage 属性(即图中的 Mail)设为 CType(i-

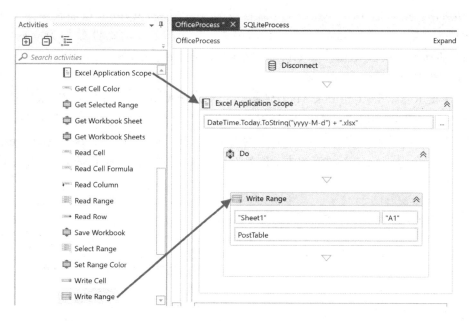

图 4 - 42

tem，MailMessage)，并把 Body 属性设为"附件为今日的股吧热帖，请查收，谢谢！"。

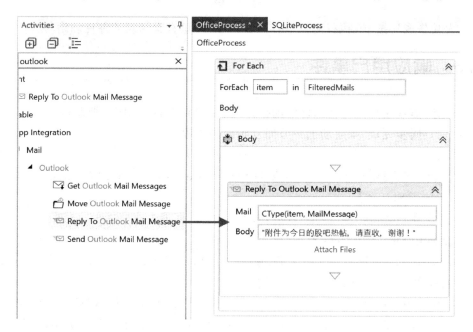

图 4 - 43

值得提醒的是，For Each 活动的 Type Argument 属性默认为 Object，因此需要使用 CType 把 item 转为 MailMessage 类型才能为 Reply To Outlook Mail Message

活动所用。如果把 Type Argument 属性设为 MailMessage，item 就能直接为 Reply To Outlook Mail Message 活动所用。另外，当符合条件的邮件数量为 0 时，For Each 活动不会执行 Reply To Outlook Mail Message 活动，效果等同于把 For Each 活动放在 If 活动的 Then 区域中。

单击 Reply To Outlook Mail Message 活动的 Attach Files 打开 Files 对话框，如图 4-44 所示。创建一个类型为 String 的输入参数，并把它的值设为 Excel Application Scope 活动保存 Excel 文件的文件名，即 DateTime.Today.ToString("yyyy-M-d") + ".xlsx"，然后单击 OK 关闭 Files 对话框。至此，我们完成了步骤中的最后一步。

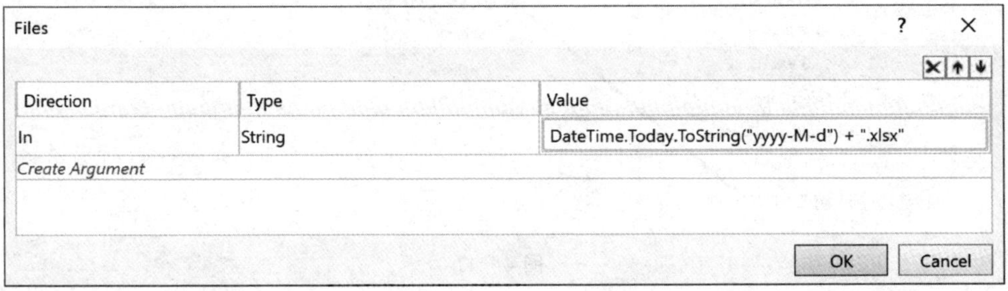

图 4-44

大功告成！按 F5 执行流程，然后到 Outlook 里查看回复的邮件和附件。

4.5 响应用户事件

任务：监视用户检查新邮件的动作，一旦用户执行这个动作，则监视同步邮件的进度，一旦同步完成，则启动上一节回复邮件的流程。

步骤：

① 持续监视用户单击 Outlook 的 Send / Receive 选项卡的 Update Folder 按钮，或者按下 Shift+F9；

② 等待 Outlook Send/Receive Progress 对话框消失；

③ 调用 Office Process 流程。

活动：Monitor Events、Click Trigger、Key Press Trigger、Wait Element Vanish 和 Invoke Workflow File。

实现：UiPath Studio 提供一整套用于监视用户事件的活动，如 Monitor Events、Click Trigger 和 Key Press Trigger 等，还提供了一个专门用于这类流程的模板 Agent Process Improvement，可以在 Start 页面找到它，如图 4-45 所示。本节将使用这个模板创建一个新的项目，并在特定情况下调用上一节的 Office Process 流程。

单击 Start 页面的 Agent Process Improvement，打开 New Agent Process Im-

常用技能和使用示例

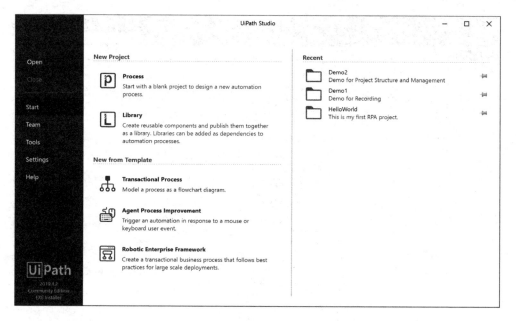

图 4-45

provement 对话框,如图 4-46 所示,输入所需的信息,然后单击 Create 按钮创建流程。

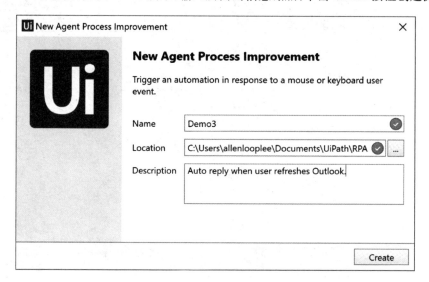

图 4-46

流程创建好后,可以看到一些默认的活动,如图 4-47 所示。整个结构分成两大部分,上面是监视各种事件的活动,如 Click Trigger 和 Key Press Trigger,它们必须放在 Monitor Events 活动中才能工作;下面是实际干活的活动,默认提供了一些占位活动,如 Screen Scrape 和 Data Entry。

图 4-47

把 Hotkey Trigger 活动和 Event Handler 中的占位活动删掉,如图 4-48 所示。

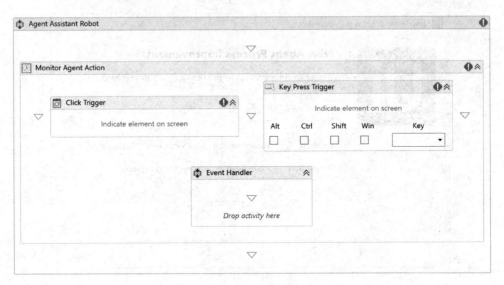

图 4-48

单击 Click Trigger 活动的 Indicate element on screen,并指定 Outlook 的 Send/Receive 的 Update Folder 按钮,如图 4-49 所示。

单击 Key Press Trigger 活动的 Indicate element on screen,并指定 Outlook 主

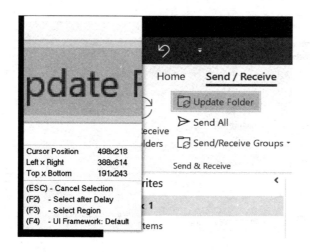

图 4-49

窗体,然后设置 Shift+f9 组合键,如图 4-50 所示。

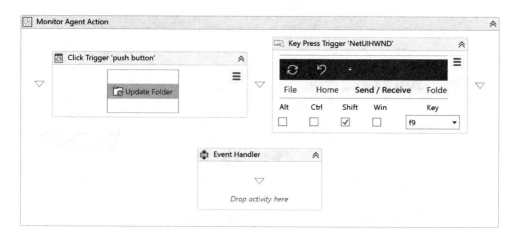

图 4-50

当你尝试指定 Outlook 主窗体时,可能发现很难选择整个窗体。没关系,你可以指定 Outlook 顶部的功能区,然后进入 Key Press Trigger 的选择器编辑器,如图 4-51 所示,删掉<wndcls='NetUIHWND' idx='1' />。

从 Activities 面板把 Wait Element Vanish 活动拖到 Event Handler 中,如图 4-52 所示。到 Outlook 单击 Send / Receive 的 UpdateFolder 按钮,到 UiPath Studio 单击 Wait Element Vanish 活动的 Indicate element on screen,迅速回去指定 OutlookSend/Receive Progress 对话框。

成功指定 OutlookSend/Receive Progress 对话框后,Wait Element Vanish 活动将会显示对话框的截图,如图 4-53 所示。在我的 Office 365 版的 Outlook 中,这个

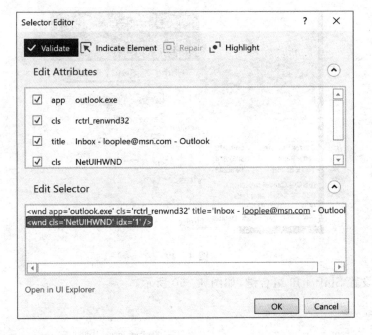

图 4-51

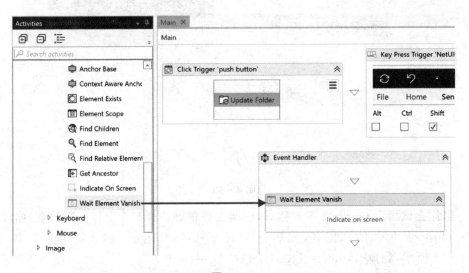

图 4-52

对话框是一直存在的,它会在可见和不可见之间切换。因此,需要在 Properties 面板上选中 Wait Not Visible 属性,告诉 Wait Element Vanish 活动只需等到这个对话框不可见就行了,否则它会一直等待这个对话框彻底关闭,直到超时出错为止。

从 Activities 面板把 Invoke Workflow File 活动拖到 Wait Element Vanish 活动下面,如图 4-54 所示,把 Invoke Workflow File 活动的 Workflow File Name 属性

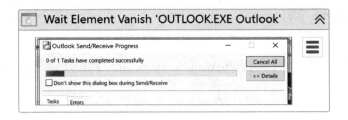

图 4-53

设为 Office Process 流程的文件路径。

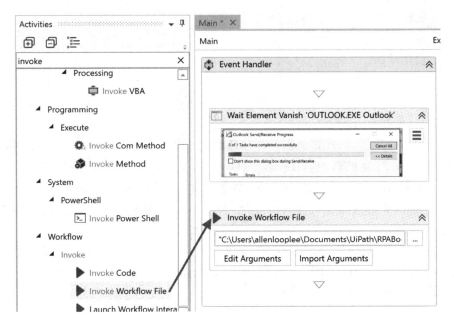

图 4-54

最后,为了让这个流程正常工作,还要做三件事:
① 安装 UiPath.Database.Activities 包;
② 安装 System.Data.SQLite(x86/x64)包;
③ 把 db.sqlite 文件复制到 Demo3 的文件夹中。

大功告成!按 F5 执行流程,给自己的邮箱发送一封标题带有"股吧热帖"的邮件,然后单击 Update Folder 按钮或者按下 Shift+F9 组合键,过一会儿就会收到一封自动回复的邮件,可以打开邮件的附件查看热帖数据。

值得提醒的是,Monitor Events 活动默认是永远被监视的,如果想停止监视,或者想腾出机器人来执行其他流程,需要手动中止这个流程。

4.6 计划任务

任务：每天早上 9 点依次启动 Web Scraping 和 SQLite Process 流程。

步骤：

① 添加机器人；

② 连接机器；

③ 创建环境；

④ 上传包；

⑤ 创建流程；

⑥ 创建作业；

⑦ 创建计划；

⑧ 运行计划；

⑨ 查看执行状态。

工具：Orchestrator CE。

实现：添加机器人、连接机器和创建环境这三步可以参照 3.7 节的步骤完成，但添加机器人时需要正确填写 Domain\Username 和 Password 两个字段，Domain\Username 可以通过命令后的 whoami 命令获取，否则 Orchestrator CE 无法成功执行流程。如果你已经添加机器人，可以在 Robots 页面找到它，并通过编辑对话框修改这两个字段。

完成后回到 Demo2 的 Main，通过两个 Invoke Workflow File 活动依次调用 Web Scraping 和 SQLite Process，如图 4-55 所示。

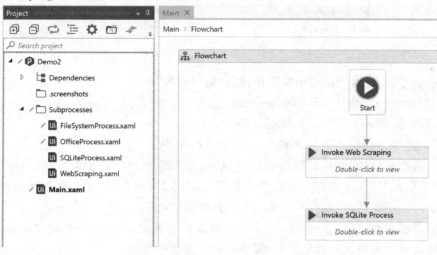

图 4-45

单击顶部功能区的 Publish 按钮打开 Publish Project 对话框,如图 4-56 所示,填写 Release Notes,然后单击右下角的 Publish 按钮。

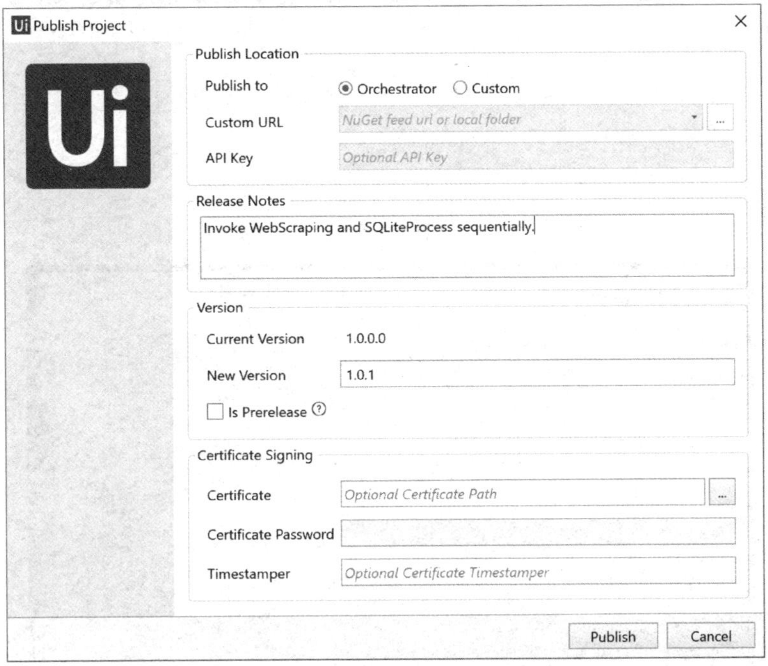

图 4-56

之后可以在 Packages 页面看到 Demo2 包,如图 4-57 所示。

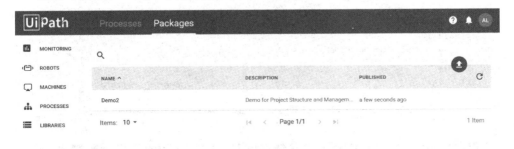

图 4-57

接下来需要创建流程。到 Processes 页面,如图 4-58 所示,单击流程列表右上角的 Add 按钮打开 Deploy Process 对话框。

在 Package Name 中选择 Demo2 包,如图 4-59 所示,Package Version 会自动选择最新的版本(如果存在多个版本),在 Environment 中选择前面创建的环境,可以在 Description 中输入描述信息,然后单击右下角的 CREATE 按钮创建流程。

之后可以在流程列表看到 Demo2 流程,如图 4-60 所示。

如果想马上执行流程,可以到 Jobs 页面,如图 4-61 所示,单击作业列表右上角的 Start 按钮打开 Start Job 对话框。

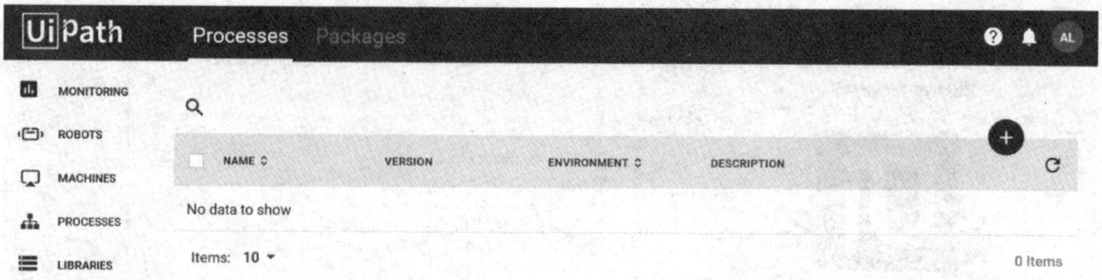

图 4－58

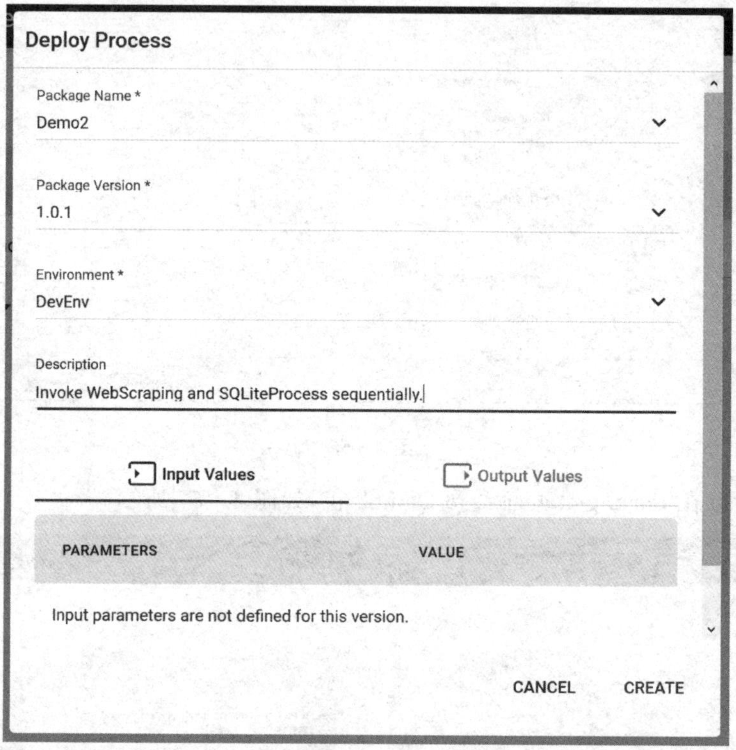

图 4－59

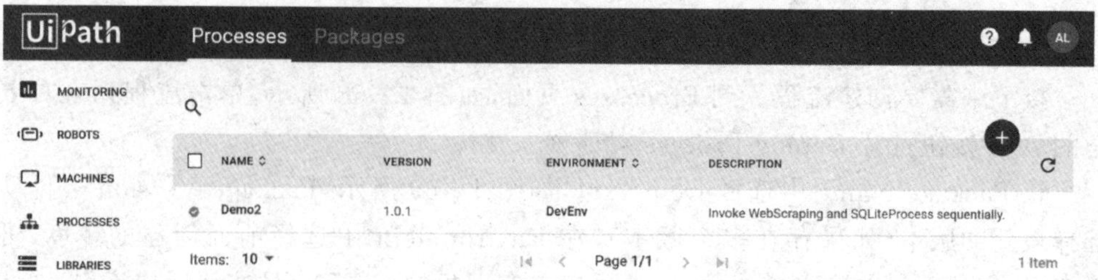

图 4－60

常用技能和使用示例

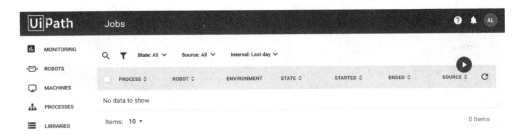

图 4-61

在 Process 中选择前面创建的流程,如图 4-62 所示,流程的名字由包的名字和环境的名字组成,在 Execution Target 下选择 Specific robots,并选择前面添加的机器人,然后单击右下角的 START 按钮执行流程。此时,Orchestrator CE 会连接你的机器,并启动上面的机器人来执行流程。

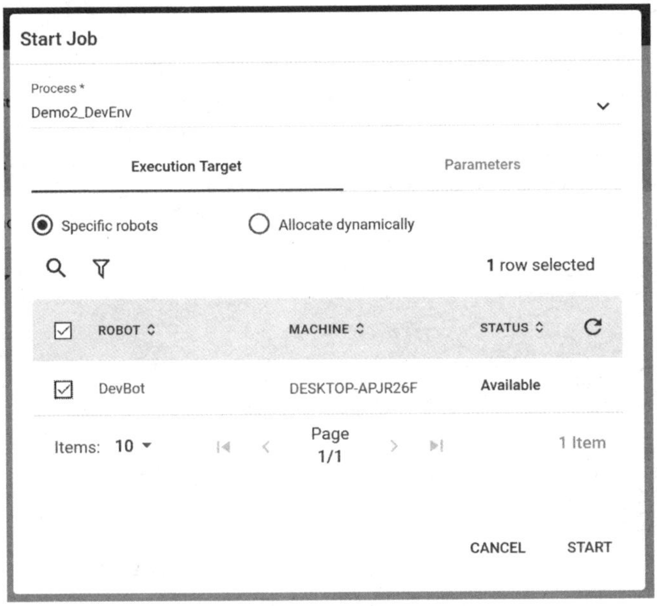

图 4-62

如果你希望在指定的时间里执行流程,可以到 Schedules 页面,如图 4-63 所示,单击计划列表右上角的 Add 按钮打开 Add Schedule 对话框。

在 Name 中输入计划的名字,如图 4-64 所示,在 Process 中选择前面创建的流程,在 Timezone 中选择东八区,在 Trigger 下选择 Daily,并在 Everydayat 旁边输入 9,在 Execution Target 下选择 Specific robots,并选择前面添加的机器人,如图 4-65 所示,然后单击右下角的 CREATE 按钮创建计划。这样,Orchestrator CE 将在北京时间每天早上 9 点连接你的机器,并启动上面的机器人来执行流程,当然,前提是你

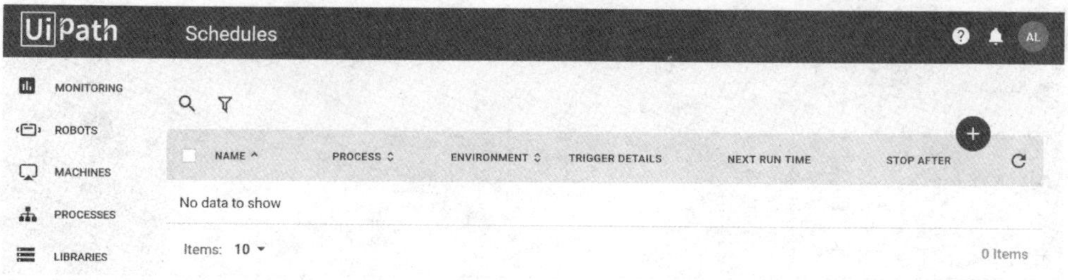

图 4-63

的机器能连上。

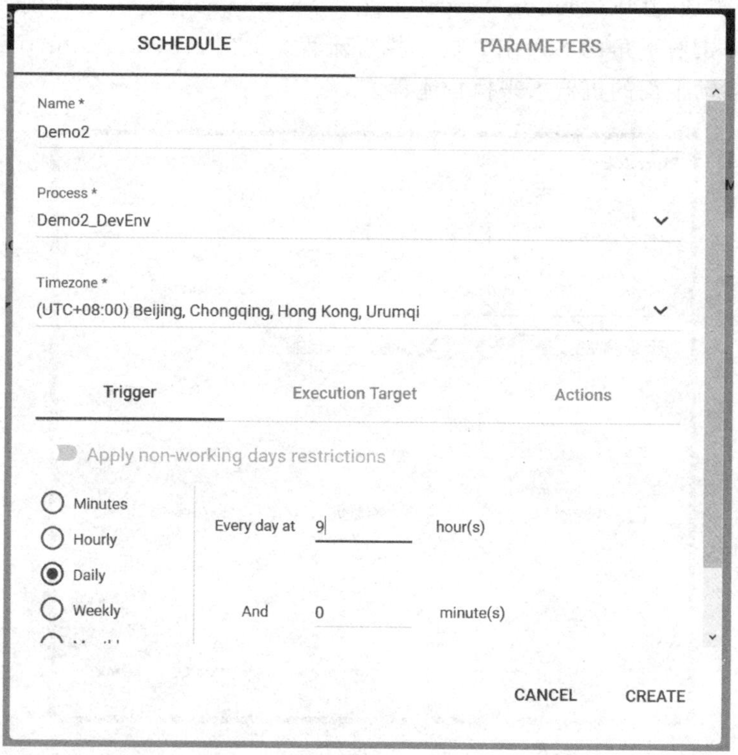

图 4-64

之后可以在计划列表看到 Demo2 计划,如图 4-66 所示。

不管是通过作业手动执行流程,还是通过计划自动执行流程,最终都会在 Jobs 页面的作业列表产生一条记录,如图 4-67 所示。可以在这里查看执行情况,如果 SOURCE 列显示 Manual,则表示这个作业是手动启动的,否则将会显示对应计划的名字。

除了上面的操作,Orchestrator CE 还提供各种图标,方便你直观地了解机器人的状态和作业的执行,如图 4-68 所示。

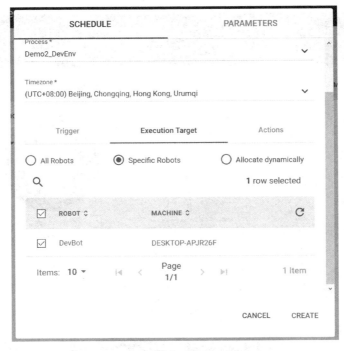

图 4-65

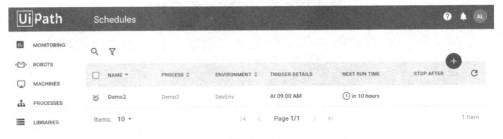

图 4-66

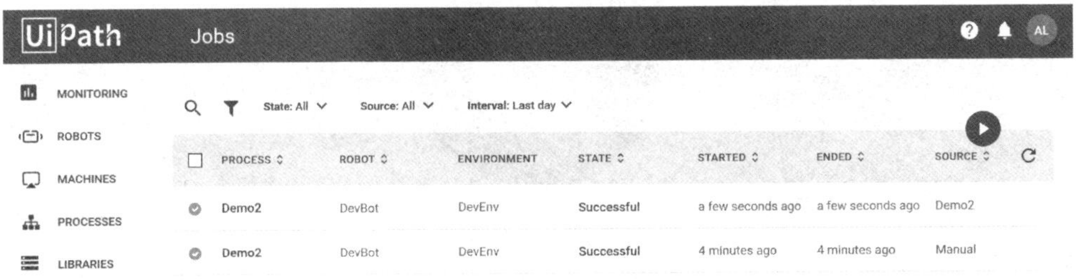

图 4-67

如果你不在电脑前，也可以到 App Store 下载 Orchestrator 移动应用，连接 UiPath 云平台或者企业自行部署的 Orchestrator 企业版，随时随地了解机器人的状态和作业的执行，如图 4-69 所示。

图 4-68

图 4-69

需要注意的是,Orchestrator CE 只能为无人值守机器人创建计划,我们目前使用的开发机器人具备无人值守机器人的功能。对于有人值守机器人,可以尝试通过 Windows 任务计划程序和 UiPath Robot 的命令行参数来创建计划。如果想在流程中使用 Windows 任务计划程序,可以试试 UiPath Go 的 Task Scheduler 自定义活动(https://go.uipath.com/component/task-scheduler-using-windows-task-scheduler)。另外,Orchestrator CE 只能用于评估和培训目的,不能商用,商用需要购买和部署 Orchestrator 企业版。

4.7 配置文件

任务:把 Office Process 流程中邮件过滤关键字和邮件回复正文放到配置文件中。

步骤:
① 添加配置文件;
② 添加读取配置文件的流程;
③ 读取配置文件的信息;
④ 为 Office Process 流程创建参数,并在相应的地方改用参数的值;
⑤ 把配置文件的信息传给 Office Process 流程。

工具:Excel、Robotic Enterprise Framework。

实现:UiPath Studio 自带的 Robotic Enterprise Framework 模版有一个 Config.xlsx 文件专门用来保存配置信息,我们可以依样画葫芦为 Demo3 创建一个,如图 4-70 所示,然后把它放在 Demo3 的 Data 文件夹里(没有的话就创建一个)。

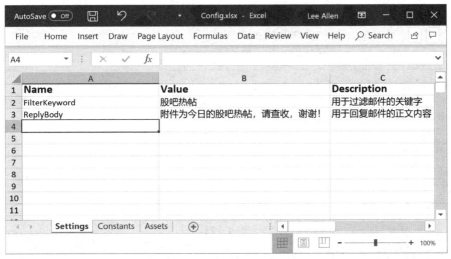

图 4-70

Robotic Enterprise Framework 模版还有一个 InitAllSettings.xaml 文件专门用来读取 Config.xlsx 文件的配置信息,可以复制它并放在 Demo3 的 Framework 文件夹里(没有的话创建一个)。

从 Activities 面板把 Invoke Workflow File 活动拖到 Monitor Events 活动上面,如图 4-71 所示。

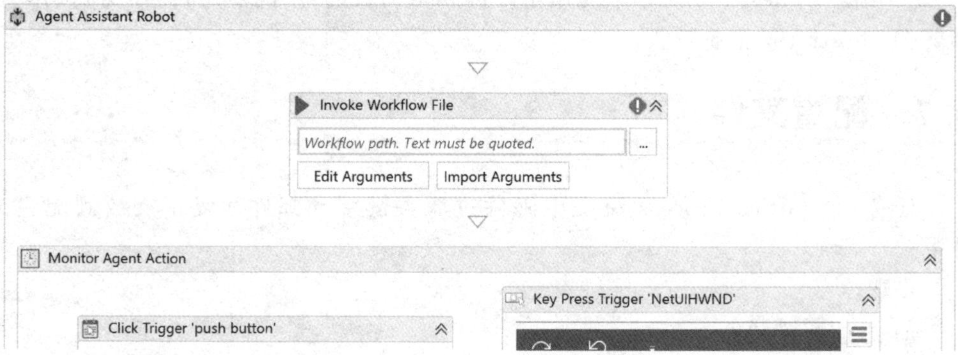

图 4-71

把 Invoke Workflow File 活动的 Workflow File Name 属性设为""Framework\InitAllSettings.xaml"",如图 4-72 所示,并单击 ImportArguments 导入 InitAllSettings.xaml 文件的参数。在 Invoked workflow's arguments 窗口中可以看到,Init All Settings 流程有 3 个参数,in_ConfigFile 和 in_ConfigSheets 是输入参数,并且带有默认值,分别表示文件路径和表格名称,out_Config 是输出参数,需要为它创建一个 Config 变量,用来接收 Init All Settings 流程输出的配置信息。

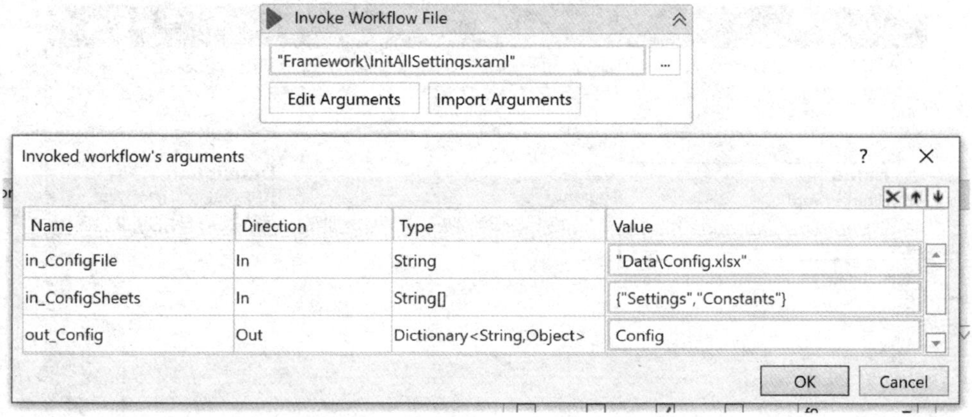

图 4-72

打开 Demo2 的 Office Process 流程,在 Arguments 面板上创建两个类型为 String 的输入参数,in_FilterKeyword 和 in_ReplyBody,如图 4-73 所示。

图 4-73

把 Assign 活动的 Value 属性(参见图 4-37)改为 UnreadMails. Where(Function(mail) mail. Subject. Contains(in_FilterKeyword)). ToList(),并把 Reply To Outlook Mail Message 活动的 Body 属性(参见图 4-43)改为 in_ReplyBody。

回到 Demo3,找到调用 Office Process 流程的 Invoke Workflow File 活动(在 Event Handler 里),单击 Import Arguments 按钮导入刚才创建的参数,如图 4-74 所示,并把 in_FilterKeyword 和 in_ReplyBody 参数分别设为 Config("FilterKeyword"). ToString 和 Config("ReplyBody"). ToString。

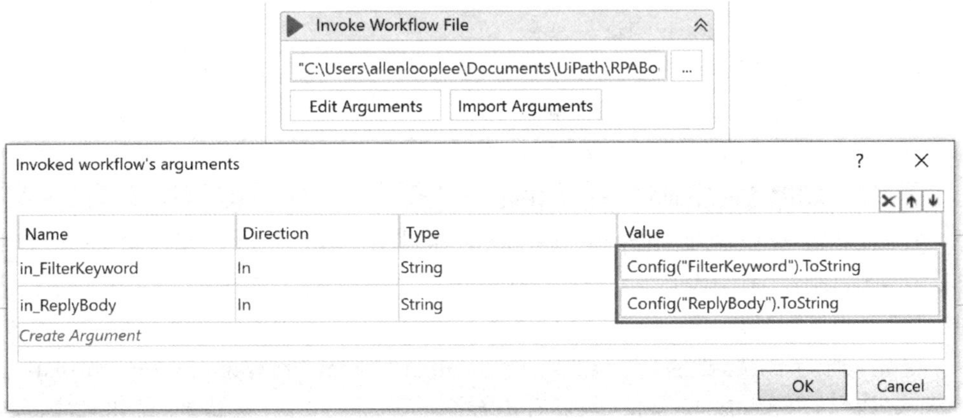

图 4-74

需要说明的是,Config 变量是一个字典对象(从图 4-72 的 Type 可以看出),也就是键值对,键对应 Config.xlsx 的 Name 列(参见图 4-70),而值则对应 Value 列,由于值是 Object 类型,需要调用 ToString 方法把它转成字符串才能使用。如果想在其他流程把 Excel 转成字典,但不想添加和配置 Init All Settings 流程,也可以试试 UiPath Go 的 Convert Excel to Dictionary 自定义活动(https://go.uipath.com/component/convert-excel-to-dictionary-key-value-pair)。

另外,因为 Init All Settings 流程把 Config.xlsx 文件的配置信息都读进内存了,所以当你通过 Config 变量访问这些配置信息时并不会读取 Config.xlsx 文件,如果此时你修改了 Config.xlsx 文件,新的配置信息并不会自动反映在 Config 变量里。此时,你要么重新启动机器人,让 Init All Settings 流程有机会重新读取 Config.xlsx 文件,要么添加额外的逻辑,让 Init All Settings 流程在机器人运行时自动刷新 Config.xlsx 文件。

在实际的项目中,相同的代码可能会在不同的环境中执行,比如开发环境、测试环境和生产环境等,每个环境可能都会有不尽相同的配置。我们可以创建"Config.dev.xlsx""Config.test.xlsx"和"Config.prod.xlsx"等配置文件,然后修改 Init All Settings 根据一个标识环境的变量来加载对应的配置文件。

除了 Config.xlsx 文件,也可以通过 Orchestrator CE 的 Assets 页面统一管理配置信息,它可以非常方便地管理所有机器人一起共享的信息和特定机器人才能使用的信息,你可以通过 Get Asset 活动在流程中获取这些信息。

4.8 测试框架

任务:熟悉 UiPath 测试框架,并用它来测试 Office Process 流程。

步骤:

① 下载并安装 UiPath 测试框架;

② 运行示例测试,并查看测试结果;

③ 创建 Office Process 流程的测试;

④ 运行 Office Process 流程的测试,并查看测试结果。

工具:Testing Framework for UiPath。

实现:虽然 Robotic Enterprise Framework 模板自带了一个测试框架,但相对来说比较基础,我在 UiPath Go 上找到一个比较完善的测试框架,它可以很方便地插入现有项目,而且即插即用。

首先,通过浏览器打开 https://go.uipath.com/component/uipath-testing-framework,如图 4-75 所示,在网页右边有个 Sign in/Sign Up 按钮,单击这个按钮登录或注册 UiPath Go,然后就可以下载这个测试框架了。

接着,把你下载的 zip 文件解压,并把表 4-3 所列的文件夹和文件复制到 Demo2 文件夹里。

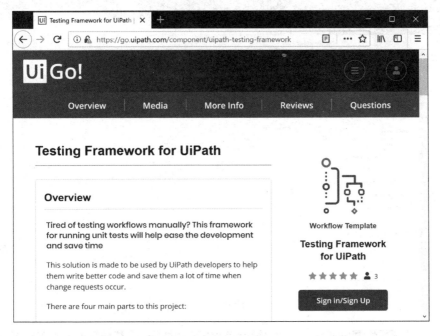

图 4-75

表 4-3

文件夹/文件	描述
Framework	包含了测试框架的代码
Logs	运行测试之后产生的日志会保存在这里
Tests_Data	你可以把测试数据放在这里
Tests_Examples_Templates	测试框架自带的示例测试和测试模版
Tests_Repository	你需要运行的测试放在这里
LICENCE.md	测试框架的许可证
README.md	测试框架的使用说明
RunAllTests.xaml	测试框架的入口点

在 UiPath Studio 中打开 Demo2，可以在 Project 面板中看到刚才复制过来的文件夹和文件（如果没有看到可以刷新一下），如图 4-76 所示。当需要正常运行流程时，可以运行 Main.xaml；当需要运行测试时，可以运行 RunAllTest.xaml。

这个测试框架依赖于"Custom.Activities.VariableComparer"和 TestingFrameworkUi 两个包，可以在 Manage Packages 窗口通过搜索 Testing 找到并安装它们，如图 4-77 所示。

图 4-76

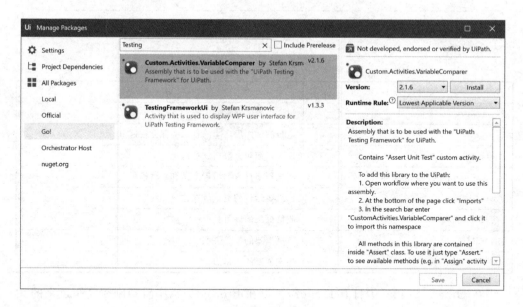

图 4-77

测试框架只会运行放在 Tests_Repository 文件夹及其子文件夹里的测试，默认情况下，Tests_Repository 文件夹里只有 UnitTests 和 FunctionalTests 两个空文件夹。你可以重命名这两个子文件夹，或者添加新的子文件夹，这取决于你打算如何组织你的测试。

现在，从 Tests_Examples_Templates\UnitTest_Examples 文件夹复制几个示例测试，分别放到 Tests_Repository\UnitTests 和 Tests_Repository\FunctionalTests 两个文件夹里，然后运行 RunAllTest.xaml。此时，将显示 Testing Framework Ui 窗口，如图 4-78 所示，它告诉我们一共有多少个测试，每个类别有多少、是哪些以及在哪里。

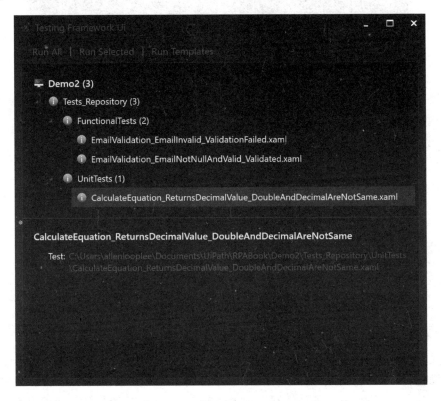

图 4-78

可以选择运行一个或多个测试，也可以运行全部测试。单击 Testing Framework Ui 窗口左上角的 Run All 按钮，稍等一会儿就能看到测试结果，如图 4-79 所示，可以看到每个测试是否通过以及运行时间。

接下来，将会创建一个测试，用来测试 Office Process 流程能否在收到主题包含"股吧热帖"的邮件时回复对应的邮件。

首先，把 Tests_Examples_Templates\UnitTest_Template 文件夹里的 MethodName_StateUnderTest_ExpectedBehavior.xaml 测试模板复制到 Tests_Repository\FunctionalTests 文件夹里，并把它重命名为 OfficeProcess_UnreadRequestEmailsExist_EmailsReplied.xaml。文件的名字由三个部分组成，分别表示目标流程、前置条件和后置条件。

然后，在 UiPath Studio 中打开我们的测试，可以看到非常详细的注释，如

图 4-80 所示。每个测试都遵循 3A 模式,即 Arrange、Act 和 Assert,其中,Arrange 用于准备前置条件和设定预期结果,Act 用于调用目标流程和获取实际结果,Assert 用于判断实际结果和预期结果是否相符。

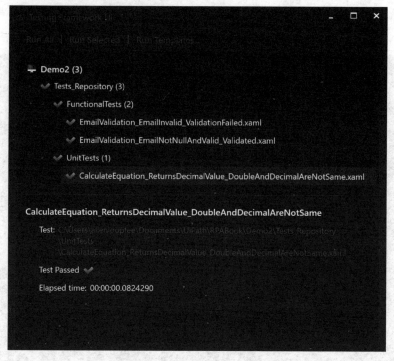

图 4-79

在 Arrange 中,我们将会准备一封符合条件的未读邮件,实际上就是给自己发一封标题包含"股吧热帖"字眼的邮件,并等待 Outlook 同步,如图 4-81 所示。为了避免其他邮件的干扰,我在邮件标题中加入时间戳,并把完整的邮件标题保存在 Email Subject 变量中。

在 Act 中,通过 Invoke Workflow File 活动调用 Office Process 流程(别忘了通过 Import Arguments 按钮导入并设置参数),等待 Outlook 同步,然后获取回复的邮件,如图 4-82 所示。需要说明的是,actual 是测试模版自带的一个变量,它的类型原本为 String,现在改为 System.Net.Mail.MailMessage,并通过 Assign 活动把它的值设为 UnreadEmails.FirstOrDefault(Function(email) email.Subject = "RE: " + EmailSubject);FirstOrDefault 函数会从未读邮件中查找匹配 Email Subject 的回复邮件,如果有就返回这封邮件,否则返回 Null。

最后,在 Assert 中通过 Assert unit test 活动执行 Assert.IsNotNull(actual),如图 4-83 所示。如果 Act 的最后一步找到符合要求的回复邮件,Assert unit test 活动将会通知测试框架本次测试成功,否则失败。

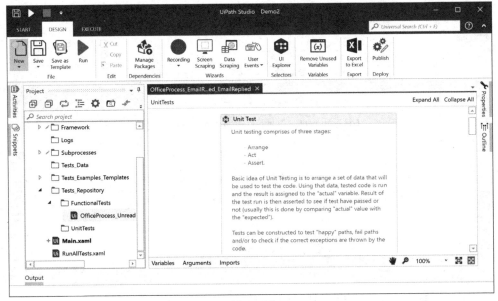

图 4-80

图 4-81

图 4-82

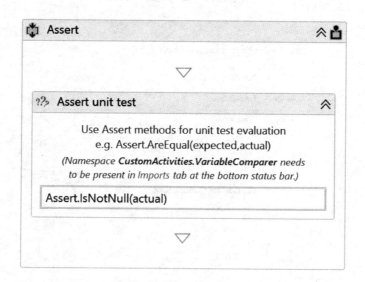

图 4-83

现在，运行 RunAllTest.xaml，单击 Testing Framework Ui 窗口左上角的 Run

All 按钮,稍等一会儿就能看到测试结果了,如图 4-84 所示(我把前面的示例测试删除了)。

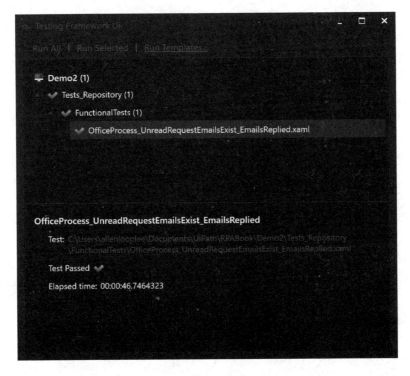

图 4-84

有了这套测试框架,我们可以创建一套测试每晚自动运行,看看当天签入的代码有没有问题,并把测试日志发给团队,我们还可以尝试受验签入(GatedCheck-in)和测试驱动开发。

第三篇　**交叉篇**

第 5 章

RPA x OCR

5.1 遇见百度 OCR

文字识别的应用场景非常广泛,比如证件识别、发票识别、车票识别和合同识别等。UiPath 提供了 Intelligent OCR(智能 OCR)活动包,它整合了 ABBYY 的 Flexi Capture 技术,可以分类和提取文档中的信息。此外,它还提供了相关的基础设施,让你可以使用自定义的分类器和提取器来处理文档,也可以借助 Document Processing Framework(文档处理框架)创建你自己的分类器和提取器。

这并不是说你随便给它一个文档就能得到你想要的任何信息,它的基本工作方式是这样的,你定义一组模版,每个模版对应一种布局/结构,可以用来提取一组相关的字段/信息,对于给定的文档,先要通过分类器找到适用于这个文档的模版,再通过模版定义的规则提取信息。

一个典型的应用场景是,国外的形式发票的信息录入,这些发票不像我国的增值税发票那样拥有固定的格式,每个开票的公司都有自己的格式,有的把开票日期放在左上角,有的把金额放在中间。因此,在提取发票的信息之前,我们得先知道给定的发票是什么样的格式,我们想要的信息在哪里提取,这就是分类器的职责了。当然,因为这个应用场景实在太常见了,所以 ABBYY 专门为 Flexi Capture 提供了一个发票引擎模块,凝聚了他们多年来在各种发票识别方面的经验积累,这个模块是单独收费的。

本章的应用场景是增值税发票识别,因为格式是固定的,不必事先进行分类,所以我希望整个调用过程尽可能简单,最好是我给它一张增值税发票图片,它给我返回识别出来的信息。百度 AI 开放平台的增值税发票识别满足我这方面的要求,而且可以免费使用,极大地降低了构建示例的成本。

打开 https://ai.baidu.com,在产品服务中可以找到文字识别,如图 5-1 所示,细分类别非常齐全,适合针对特定应用场景的方案。可以单击菜单中的增值税发票识别查看它的功能介绍、应用场景和技术文档。

如果想识别的文档不是标准的或者常见的,比如公司法务部自己制定的合同,可以考虑百度 OCR 的 iOCR 自定义模版文字识别或者 UiPath 的 Intelligent OCR

活动包。

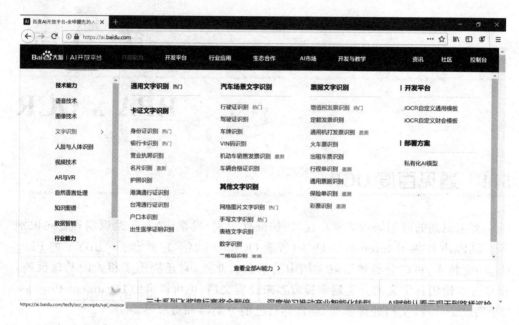

图 5-1

5.2 创建和配置项目

单击页面右上角的控制台按钮,使用百度账号登录,第一次登录需要填写相关信息激活,如果还没有百度账号可以先注册一个。进入控制台后,单击左边导航栏的 Baidu OCR,如图 5-2 所示,然后在右边应用区域创建应用按钮。你可以在这个页面看到所有 API 的免费用量,我们将要使用的增值税发票识别 API 提供 500 次/天的免费用量,如果你的用量超过这个数字则需要付费。

在创建新应用页面中输入应用名称,选择应用类型,如图 5-3 所示,并提供一段应用描述,然后单击底部的立即创建按钮。

应用创建好后,可以在应用列表中看到我们后面需要的信息,包括 API Key 和 Secret Key,如图 5-4 所示。

打开 UiPath Studio,创建一个空白的流程,打开 Manage Packages 窗口,如图 5-5 所示,在左边导航栏上选择 nuget.org,然后在窗口顶部的搜索框里输入 Baidu 进行搜索,在搜索结果中选择 Baidu.AI,并单击右边的 Install 按钮。值得提醒的是,百度 AI 开放平台的.NET SDK 已经开源了,可以到 GitHub 查看它的代码: https://github.com/Baidu-AIP/dotnet-sdk。

除了 Baidu.AI 包,还需要添加 Json.NET 包,但不能安装最新的 Json.NET,否则项目运行会出错,此处需要安装 Baidu.AI 包所依赖的 10.0.3 版(参见图 5-5 右

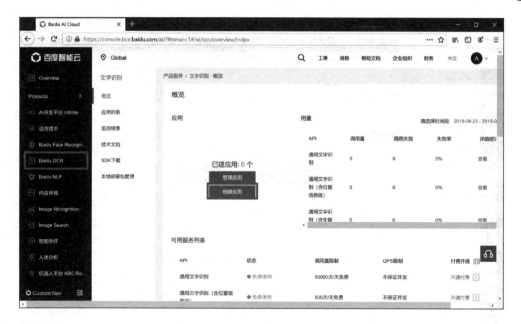

图 5-2

图 5-3

下角的 Dependencies）。

这两个包添加好后，需要打开 Imports 窗口导入 Baidu. Aip. Ocr 和 Newtonsoft. Json 两个命名空间，如图 5-6 所示，这样就可以在代码中使用相关的类了。

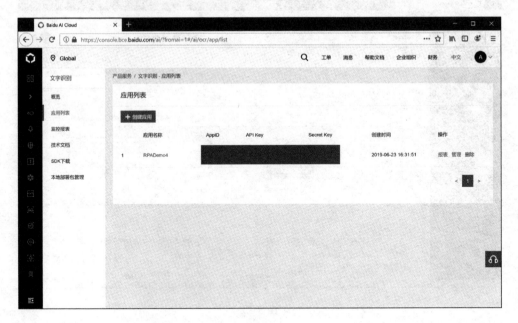

图 5-4

图 5-5

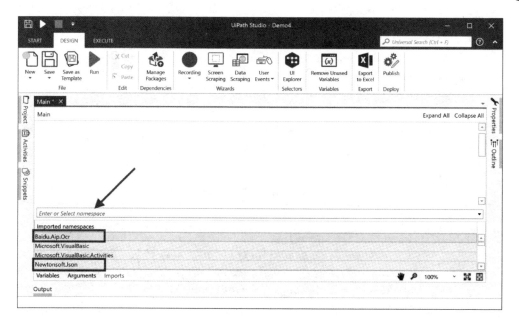

图 5-6

5.3 识别增值税发票

我们前面添加的其实就是百度官方提供的 SDK，现在的问题是，如何在 UiPath Studio 里使用它呢？

在浏览器打开 https://ai.baidu.com/docs#/OCR-Csharp-SDK/top，可以在"新建交互类"和"增值税发票识别"两节中发现两段 C♯代码，图 5-7 给出了初始化 OCR 客户端的代码，而图 5-8 给出了读取增值税发票照片的数据并调用百度 AI 获取识别结果。接下来，我们需要这两段 C♯代码转成 UiPath Studio 中的活动和 VB.NET 代码，有经验的开发者应该可以一眼看出它们将会对应一堆 Assign 活动。

首先是在 Main.xaml 中拖出若干 Sequence 活动构建顶层流程，如图 5-9 所示，整个流程分为 Init（初始化）、Recognize（识别发票）、Filter（过滤数据）和 Submit（提交结果）四个步骤。

在 Init 中，先通过 Variables 窗口创建 APP_ID（其实这个变量后面并未使用）、API_KEY、SECRET_KEY 和 OcrClient 四个变量，如图 5-10 所示，OcrClient 变量的类型是 Baidu.Aip.Ocr.Ocr，作用域是最外层的 Baidu OCR，因为我们后面还要在 Recognize 中使用它。接着，把两个 Assign 活动拖到 Init 中，初始化 OcrClient 变量，并设置它的 Timeout 属性。这个部分对应图 5-7 中的代码。

在 Recognize 中，假设增值税发票照片存放在 Invoices\Images 路径下，我们将会遍历这个路径下的每张照片，读取它的数据并发到百度 OCR 进行识别，然后把识

```csharp
// 设置APPID/AK/SK
var APP_ID = "你的 App ID";
var API_KEY = "你的 Api Key";
var SECRET_KEY = "你的 Secret Key";


var client = new Baidu.Aip.Ocr.Ocr(API_KEY, SECRET_KEY);
client.Timeout = 60000;    // 修改超时时间
```

图 5 - 7

```csharp
public void VatInvoiceDemo() {
    var image = File.ReadAllBytes("图片文件路径");
    // 调用增值税发票识别，可能会抛出网络等异常，请使用try/catch捕获
    var result = client.VatInvoice(image);
    Console.WriteLine(result);
}
```

图 5 - 8

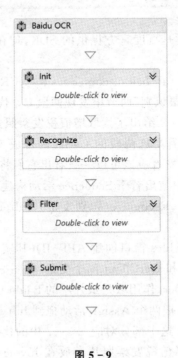

图 5 - 9

图 5 - 10

别结果添加到一个集合，如图 5 - 11 所示。这个部分对应图 5 - 8 中的代码。

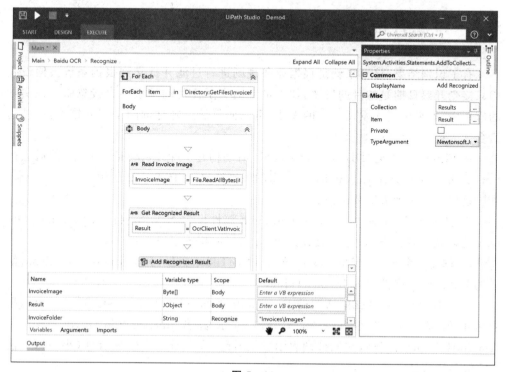

图 5 - 11

这个部分实现起来有几个地方需要特别注意：

① 把 For Each 活动的 Type Argument 属性设为 String，这样可以在读取照片的数据时直接使用 item 而不必另外转成字符串。

② InvoiceImage 变量的类型是 System.Byte 数组，用来保存 File.ReadAllBytes 函数返回的照片数据。

③ Result 变量的类型是 Newtonsoft.Json.Linq.JObject，用来保存 Baidu.Aip.Ocr.Ocr.VatInvoice 函数返回的识别结果。在实际的应用中，这个调用应该放在 Try Catch 活动中，确保网络问题不会导致机器人崩溃。

④ 在使用 Add To Collection 活动之前，需要创建一个类型为 System.Collections.Generic.List＜Newtonsoft.Json.Linq.JObject＞的变量 Results，并把它的值设为 New List(Of Newtonsoft.Json.Linq.JObject)，这是创建一个 List 对象的 VB.NET 代码。

⑤ 把 Add To Collection 活动的 TypeArgument 属性设为 Newtonsoft.Json.Linq.JObject，将其 Collection 属性设为 Results，把它的 Item 属性设为 Result。

在实际的应用中，员工可能通过手机拍下增值税发票，然后通过邮件发到指定的邮箱，你可以按照第 4 章介绍的方法让机器人定期检查指定的邮箱，并处理包含增值税发票的邮件。

5.4 过滤并提交识别结果

有了识别结果，接下来就是根据业务规则进行过滤并提交到报销系统。假设我们只接受开票日期是本月的发票，如果员工提交了往月的发票则直接忽略。在实际的应用中，如果机器人发现往月的发票，可以回复员工邮件询问是否弄错了，并抄送给会计人员。

在 Filter 中，先通过 Build Data Table 活动构建一个 DataTable 对象，然后通过 For Each 活动遍历在 Recognize 中获得的识别结果，如图 5-12 所示。

这里有两个地方需要注意：

① 把 For Each 活动的 Type Argument 属性设为 Newtonsoft.Json.Linq.JObject，这样就可以在 Body 中直接使用 item 来提取相关字段了。

② 创建一个类型为 DataTable 的 InvoiceTable 变量，并把 Build Data Table 活动的 DataTable 属性设为 InvoiceTable。

单击 Build Data Table 活动的 DataTable 按钮，打开 Build Data Table 窗口，把自带的列都删掉，然后按照图 5-13 所示创建 InvoiceNum、InvoiceDate 和 AmountInFigures 三列，它们分别表示发票号码、开票日期和价税合计（小写），单击 OK 保存列信息。

如果想了解百度 OCR 返回哪些字段，可以打开 https://ai.baidu.com/docs#/

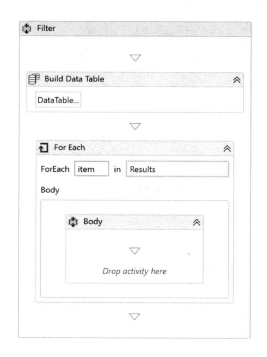

图 5-12

图 5-13

OCR-Csharp-SDK/f419d3f8，找到"增值税发票识别返回数据参数详情"下面的表格。

在 For Each 的 Body 中创建 InvoiceNum、InvoiceDate 和 AmountInFiguers 三个变量，类型如图 5-13 所示，并通过三个 Assign 活动从 item 分别提取发票号码、开票日期和价税合计（小写）等数据，如图 5-14 所示。然后通过 If 活动判断开票日期是否是本月，如果是就通过 Add Data Row 活动把数据添加到 InvoiceTable。在实际的应用中，你可以让机器人检查某张发票金额是否超限，或者检查发票抬头是否为本公司，是否餐饮服务等。甚至让机器人检查员工本月提交的所有发票，看看累计金额是否超限。

这个部分实现起来有几个地方需要特别注意：

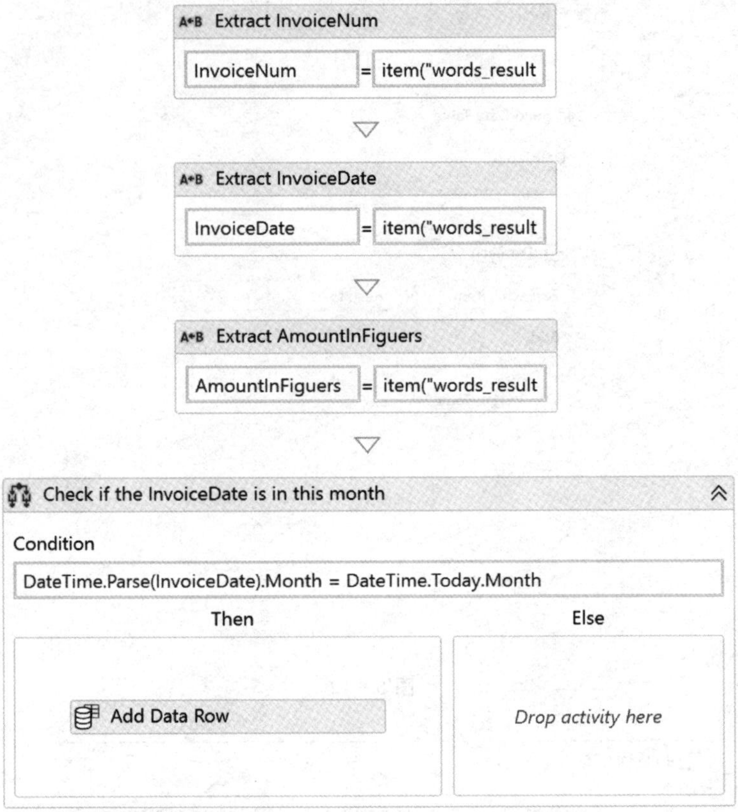

图 5-14

① 从官方给出的 JSON 来看,如图 5-15 所示,发票号码可以通过 words_result\InvoiceNum 路径获取,对应的代码是 item("words_result")("InvoiceNum").Value(Of System.UInt32),这是 VB.NET 调用 JSON.NET 类库获取指定属性的值的代码。其余两个信息的代码类似,可以查阅 JSON.NET 的文档了解一下如何写。

```
{
    "log_id": "54254962312092188858",
    "words_result_num": 29,
    "words_result": {
        "InvoiceNum": "14641426",
```

图 5-15

② Invoice Date 是字符串,为了判断它是否在本月,先通过 DateTime.Parse 函数把它解析成 DateTime 对象,再检查它的 Month 属性。

③ 把 Add Data Row 活动的 DataTable 属性设为 InvoiceTable,把 Array Row

属性设为{InvoiceNum,InvoiceDate,AmountInFiguers},这是 VB.NET 的数组表达式,Add Data Row 活动会把这个数组的第一个元素添加到第一列,把第二个元素添加到第二列,如此类推。

在 Submit 中,我们只是简单地把 InvoiceTable 写到指定的 Excel 文件中,在实际的应用中,你可能会让机器人把数据填入指定的 Excel 文件再上传到公司的内部系统,或者直接在内部系统录入数据,如图 5-16 所示。

图 5-16

现在,在 Init 中把 API_KEY 和 SECRET_KEY 两个变量设为你在图 5-4 中看到的 API Key 和 Secret Key,然后把一张本月的增值税发票照片放在 Invoices\Images 下,接着按 F5 键运行流程,再打开 Excel 文件查看结果。

第 6 章

RPA x NLP

6.1 准备环境

本节的主要任务是从博客园一个技术博客网站的新闻频道（https://news.cnblogs.com/）下载最新的 100 条新闻，并使用百度 NLP 提取每条新闻的标签，然后使用 Python 生成词云图。

Anaconda 是目前最受欢迎的 Python/R 数据科学平台，也是本章实际运行 Python 代码的环境，最新版本默认安装 Python 3.7。因为 UiPath 提供的 Python 活动包目前最高支持 Python 3.6，如图 6-1 所示，所以我们需要在 Anaconda 中创建一个 Python 3.6 环境。Anaconda 支持多个环境同时存在，每个环境都可以有不同版本的 Python 以及不同的包，可以在不同的环境中自由切换。

图 6-1

在开始菜单中找到并打开 Anaconda Prompt，然后在命令行中依次输入如表 6-1 所列的命令。

表 6-1

命　令	描　述
conda create -n py36 python＝3.6 anaconda	创建新的环境并安装 Python 3.6
conda activatepy36	切换到新的环境
pip install wordcloud	在新的环境中安装 wordcloud 包

Python 环境准备好后,准备 UiPath 项目。但在继续之前,先给项目添加版本控制吧。打开上一章的 Demo4,单击主窗口右下角的 Add to Source Control 按钮,如图 6-2 所示,然后在弹出的菜单中选择 GIT。

图 6-2

在弹出的 Select local folder 窗口中,确保当前文件夹是 Demo4,如图 6-3 所示,然后单击 Select Folder 按钮。

在弹出的 Commit Changes 窗口中,不选 Invoice.xlsx 和 Sample.jpeg 文件,在 Commit Message 下面的文本框中输入本次提交的描述,如图 6-4 所示,然后单击 Commit 按钮。

有了 Git 的守护,可以放心地玩了。单击功能区的 Manage Packages 按钮打开 Manage Packages 窗口,如图 6-5 所示。单击左边导航栏的 Official,在顶部搜索框中输入 Python,然后单击右边的 Install 按钮,接着单机右下角的 Save 按钮。

此时,可能会出现一个版本冲突的警告窗口,如图 6-6 所示,这个冲突是因为 Baidu.AI 包和 UiPath.System.Activities 包分别依赖不同版本的 Json.NET 包,具体会造成什么影响要测试过才知道,现在只能单击 Yes 按钮继续。

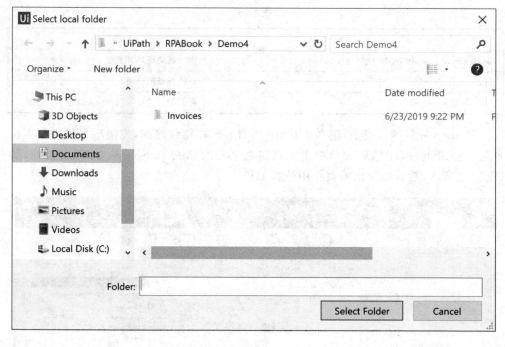

图 6-3

图 6-4

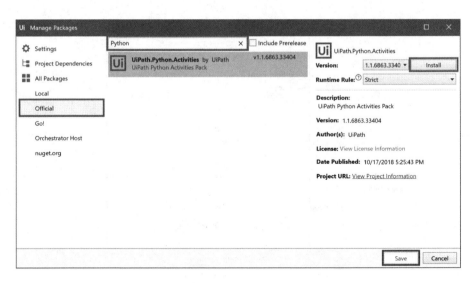

图 6-5

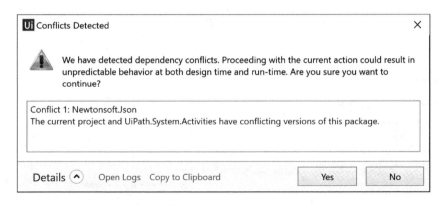

图 6-6

我们之前把所有东西都放在 Main 了,现在要把它们提取出来,放在一个单独的文件中。在 Main 中右击 Baidu OCR,如图 6-7 所示,选择 Extract as Workflow。

在弹出的 New Workflow 窗口中,把新的工作流的名字改为 Baidu OCR,如图 6-8 所示,然后单击 Create 按钮。

此时,UiPath Studio 会创建一个 BaiduOCR.xaml 文件,把原来的 Baidu OCR 搬过去,然后在 Main 中通过 Invoke Workflow File 活动调用这个文件,如图 6-9 所示。

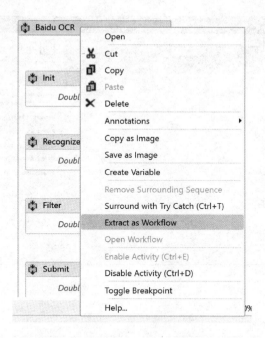

图 6-7

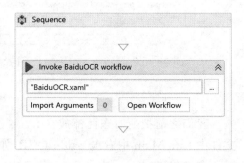

图 6-8　　　　　　　　　　　　　　图 6-9

接着把 Main 清空,然后拖出若干 Sequence 活动构建顶层流程,如图 6-10 所示,整个流程分为 Init(初始化)、Download News(下载新闻)、Extract Keywords(提取关键字)和 Build WordCloud(生成词云)四个步骤。

接下来,将会逐一讲解每个步骤的实现。

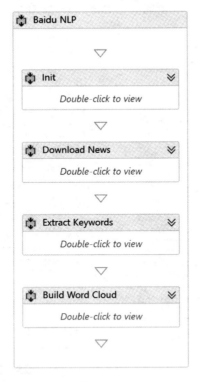

图 6-10

6.2 下载新闻

下载新闻包含两个子步骤,一个是下载新闻目录,另一个是根据新闻目录下载新闻内容,如图 6-11 所示。

图 6-11

可以用第 4 章的方法获取新闻的标题和 Url，如图 6-12 所示，并设置最多获取 100 条新闻。

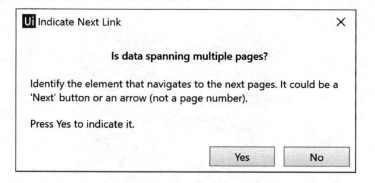

图 6-12

单击 Extract Wizard 窗口的 Finish 按钮时，UiPath Studio 会询问是否需要机器人翻页，如图 6-13 所示。单击 Yes 按钮，并在新闻页面找到并选中"Next"，如图 6-14 所示。

图 6-13

把 UiPath 生成的 Extract Data 活动放到 Open Browser 的 Do 中，并把显示名称改为 Extract Titles and Urls，如图 6-15 所示，其他自动生成的活动统统删除。在 Extract Structured Data 活动下面放置一个 Add Data Column 活动，在 Extract

图 6-14

Structured Data 活动输出的 DataTable 中添加一个 Content 列,用于后面保存新闻内容。然后在 Add Data Column 活动下面放置一个 Close Tab 活动关闭浏览器。

图 6-15

在 For Each Row 中,我们会迭代前面 Extract Structured Data 输出的 DataTable 对象,获取每条新闻的标题和 Url,如图 6-16 所示。需要注意的是,我们前面抓取的 Url 不是完整的 Url,不能直接用来打开对应新闻的页面,我们需要结合新闻频道的主 Url 拼出完整的 Url,比如,图 6-12 的第一条新闻的 Url 是"/n/627803/",那么完整的 Url 就是"https://news.cnblogs.com/n/627803/"。

在第二个 Assign 活动下面放置一个 Open Browser 活动,用来打开第二个 Assign 活动拼出的完整的 Url,如图 6-17 所示。在 Do 里,用 Get Text 活动获取新闻的内容。用 UI Explorer 观察不同新闻页面的内容的选择器,不难发现变化的地方是新闻标题,于是把 Get Text 活动的 Target.Selector 属性设为 "'<html app='firefox.exe' title='" + NewsTitle + "' * ' /><webctrl id='news_body' tag='DIV' />'"。创建一个类型位字符串的 NewsContent 变量,用来接收 Value 属性的值,并使用 Assign 活动把 NewsContent 变量的值填入 DataTable 的 Content 列。完

成后使用 Close Tab 关闭当前新闻页面。

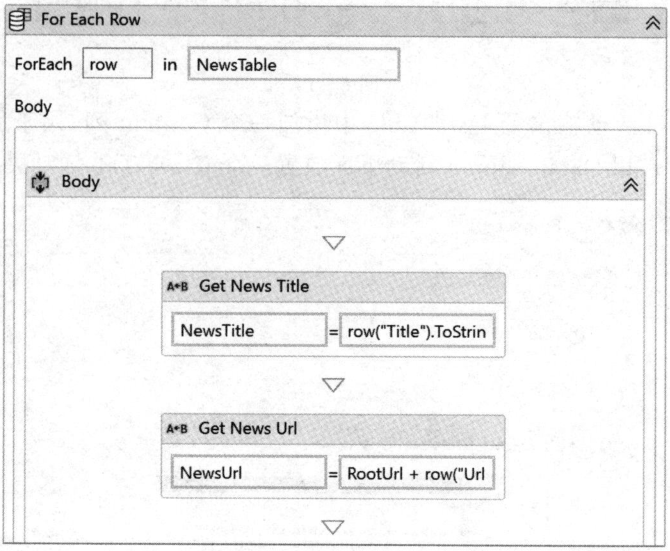

图 6-16

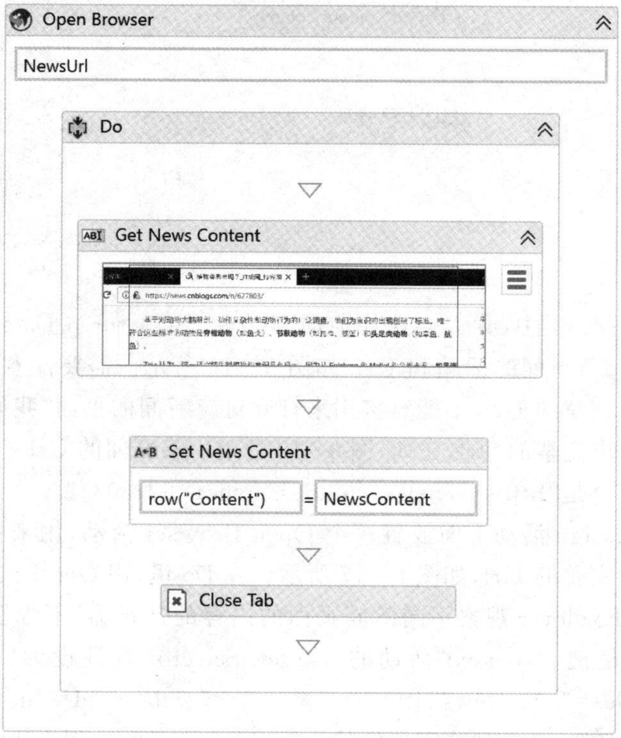

图 6-17

至此，我们得到了一个 DataTable，里面包含了 100 条新闻的标题、Url 和内容。

6.3 通过百度 NLP 提取新闻标签

上一节在百度 AI 控制台中创建的应用只能使用百度 OCR 的 API，为了把 API 的使用范围扩展到百度 NLP，需要再次进入控制台编辑应用，在"自然语言处理"中选中"文章标签"，如图 6-18 所示，这样就可以重用上一节的 API_KEY 和 SECRET_KEY 了。

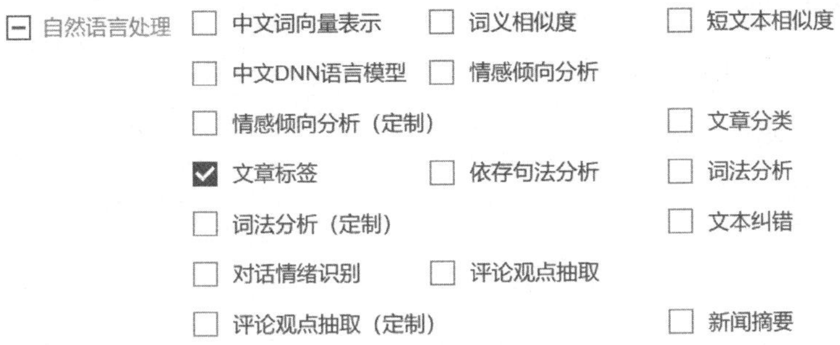

图 6-18

在 Init 中，使用两个 Assign 活动分别创建 NLP 客户端和设置超时值，如图 6-19 所示。根据官方技术文档，NLP 客户端的类型是 Baidu.Aip.Nlp.Nlp，因此，需要创建这个类型的变量，并在初始化时把 API_KEY 和 SECRET_KEY 传给它。

在 Extract Keywords 中，使用 For Each Row 处理上一节获取的每条新闻，如图 6-20 所示。在第一个 Assign 活动中，把 Value 属性设为"NlpClient.Keyword(row("Title").ToString(), row("Content").ToString())"，这表示调用 Baidu.Aip.Nlp.Nlp.Keyword 函数提取新闻的标签，把新闻的标题和内容作为参数传给它，并把它的返回值保存在 Result 变量中，这是一个 JObject 对象。在第二个 Assign 活动中，把 Value 属性设为"Keywords + " " + String.Join(" ", CType(Result("items"), JArray).Select(Function(token) token("tag").ToString()))"，这表示从 items 中取出每个 tag 的值并用空格连接起来，然后并入已经提取的标签。

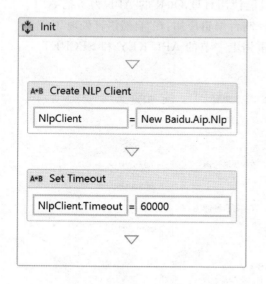

图 6-19

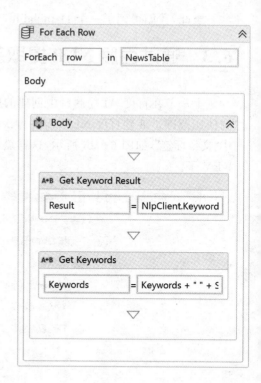

图 6-20

如果想了解百度 NLP 返回哪些字段,可以打开 https://ai.baidu.com/docs#/NLP-Csharp-SDK/b8b6bd5b,找到"文章标签 返回数据参数详情"下面的表格。至此,我们得到了一个字符串,里面包含了 100 条新闻的标签。

6.4 通过 Python 生成词云图

我用 Python 写了一个 create_word_cloud 函数,它使用 wordcloud 包来生成词云图,如图 6-21 所示。这个函数接受两个参数,keywords 包含了 100 条新闻的标签,root_dir 是根目录,我们假设这个目录下有一个 Fonts 文件夹,保存了我们将在词云图上用的中文字体,还有一个 WordCloudImages 文件夹,生成的词云图将会放在这里。每次调用这个函数都会返回这次生成的词云图的路径。

在 BuildWordCloud(百度词云图)中,放置一个 Python Scope 活动,如图 6-22 所示,并把它的 Path 属性设为""C:\Users\allenlooplee\Anaconda3\envs\py36"",这是本节开头在 Anaconda 中创建的 Python 3.6 的路径。如果你的 Python 是 64 位,那么 Target 属性设为 x64;如果是 32 位,那么 Target 属性设为 x86。值得提醒的是,如果你在 Activities 窗口中找不到 Python 活动,则需要在 Manage Packages 窗

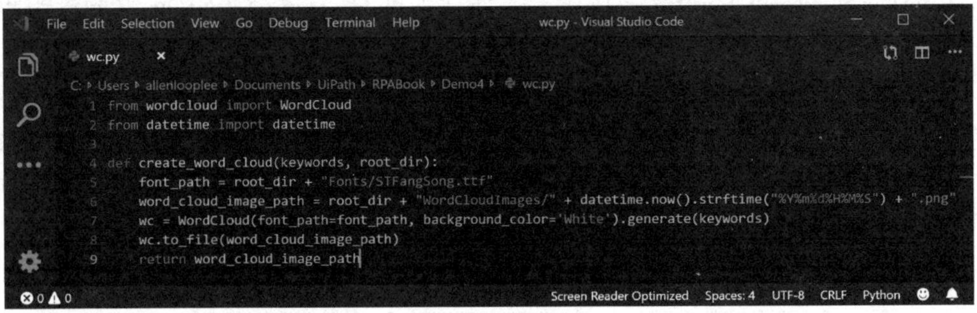

```
from wordcloud import WordCloud
from datetime import datetime

def create_word_cloud(keywords, root_dir):
    font_path = root_dir + "Fonts/STFangSong.ttf"
    word_cloud_image_path = root_dir + "WordCloudImages/" + datetime.now().strftime("%Y%m%d%H%M%S") + ".png"
    wc = WordCloud(font_path=font_path, background_color='White').generate(keywords)
    wc.to_file(word_cloud_image_path)
    return word_cloud_image_path
```

图 6 – 21

口中安装 Python 活动包。

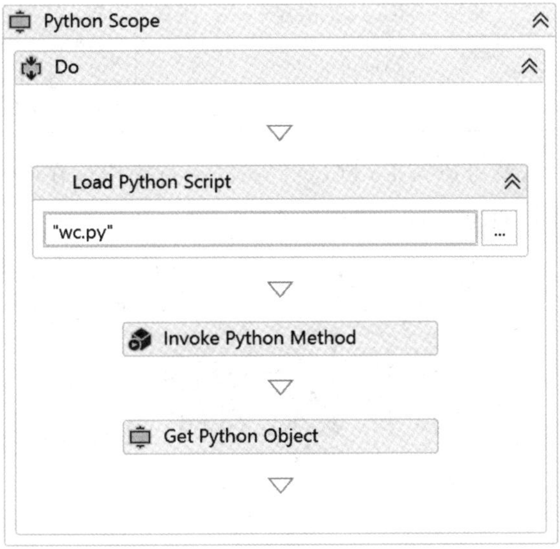

图 6 – 22

在 Python Scope 的 Do 中依次放置 Load Python Script、Invoke Python Method 和 Get Python Object 三个活动,如图 6 – 22 所示。Load Python Script 活动负责加载指定的 Python 脚本,并以 Python Object 对象的形式返回。Invoke Python Method 活动负责调用脚本上的指定方法,并以 Python Object 对象的形式返回这个方法的返回值。

Get Pytyon Object 活动负责把 Python Object 对象转成对应的 .NET 对象。如果你只想执行指定的 Python 脚本,并不需要获取返回值,可以使用 Run Python Script 活动。这里留个问题给你,如果你用 Run Python Script 活动执行图 6 – 21 的 wc.py 脚本,它会生成词云图吗?为什么?

接着,按照表 6 – 2 所列设置对应的属性,其中 PyScript、PyResult、Demo4RootDir 和 WordCloudImagePath 都是新建的变量，Demo4RootDir 需要设为本项目的目录。

表 6-2

活 动	属 性	值
Load Python Script	File	"wc.py"
Load Python Script	Result	PyScript
Invoke Python Method	Input Parameters	{ Keywords, Demo4RootDir }
Invoke Python Method	Instance	PyScript
Invoke Python Method	Name	"create_word_cloud"
Invoke Python Method	Result	PyResult
Get Python Object	Python Object	PyResult
Get Python Object	Type Argument	String
Get Python Object	Result	WordCloudImagePath

一切准备就绪后，就可以按 F5 键运行流程，运行完毕后在 WordCloudImages 文件夹中找到的词云图，如图 6-23 所示。

图 6-23

最后值得一提的是，UiPath 提供的这套 Python 活动已经在 GitHub 上开源了（https://github.com/UiPath/Community.Activities/tree/master/Activities/Python），它使用了 pythonnet 库（https://github.com/pythonnet/pythonnet），如果想了解它是如何实现的，或者想创建你自己的 Python 活动，可以去研究一下这两个代码库，创建自定义活动的方法将在第 8 章讲述。

第 7 章

RPA x AutoML

7.1 遇见 ML.NET

有人说，机器学习就像炼丹，给你一个数据集，你压根不知道什么算法和哪些参数才能产生准确的预测，你需要一个一个尝试，于是机器学习在某种程度上成了劳动密集型工作，甚至有机器学习从业者自嘲为调参小鬼或者炼丹术师，而自动机器学习（AutoML）工具的出现，在一定程度上可以代替他们完成这些枯燥无味的工作。

ML.NET 是微软发布的基于 .NET 的跨平台开源机器学习框架。在 Build 2019 开发者大会上，微软发布了基于 ML.NET 的自动机器学习工具，还提供了一个叫做 ML.NET Model Builder 的 Visual Studio 扩展，如图 7-1 所示。你可以到 https://dotnet.microsoft.com/apps/machinelearning-ai/ml-dotnet/model-builder 了解更多关于它的内容。

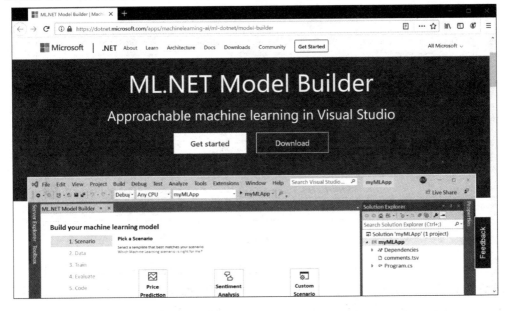

图 7-1

单击页面上的 Download 按钮，下载并安装 ML.NET Model Builder 扩展包，如图 7-2 所示。在安装之前，请确保你的机器上已经安装了 Visual Studio 2017 或 2019。

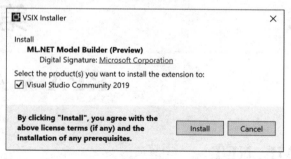

图 7-2

7.2 准备数据

ML.NET 官网上有很多示例，如图 7-3 所示。可以在 GitHub 上找到它们的代码。本章将会通过自动机器学习复刻一个心脏病检测示例，这个示例的项目文件可以在 https://github.com/dotnet/machinelearning-samples/tree/master/samples/csharp/getting-started/BinaryClassification_HeartDiseaseDetection 下载。

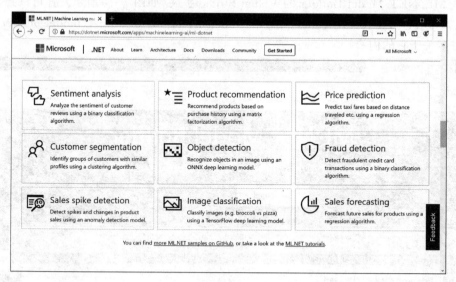

图 7-3

在 HeartDiseaseDetection\Data 文件夹中有一个 HeartTraining.csv 数据文件，虽然它的扩展名是 CSV，但它并未使用逗号分隔，也没有表头，不能为 ML.NET ModelBuilder 所用，因此，在使用之前我们需要处理一下。

首先，使用记事本打开 HeartTraining.csv，在文件顶部插入 age;sex;cp;trestbps;chol;fbs;restecg;thalach;exang;oldpeak;slope;ca;thal;num 作为表头。然后，打开 Excel(这里使用的是 Office 365)，在顶部功能区(Ribbon)的 Data(数据)选项卡中单击 Get Data 按钮，然后选择 From File\From Text/CSV，如图 7-4 所示。

接着，在弹出的对话框中选择 HeartTraining.csv，此时 Excel 会显示导入数据的窗口，如图 7-5 所示。Excel 自动识别数据文件使用分号分隔，并基于前 200 行自动推断每列的类型。

最后，单击 Load 按钮加载数据，然后另存为 HeartTraining.Preprocessed.csv。

图 7-4

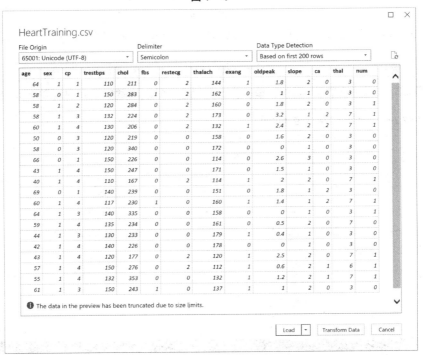

图 7-5

7.3 使用 ML.NET Model Builder 自动训练模型

打开 Visual Studio，创建一个 Console App 项目，在 Solution Explorer 窗口中右击项目节点，选择 Add\Machine Learning，如图 7-6 所示。

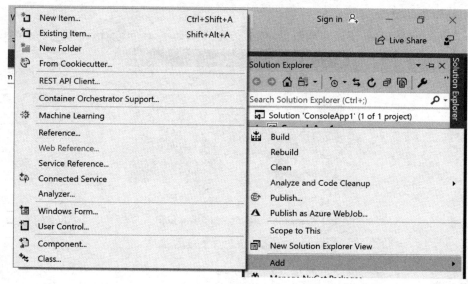

图 7-6

此时，Visual Studio 打开 ML.NET Model Builder，如图 7-7 所示。在 Scenario

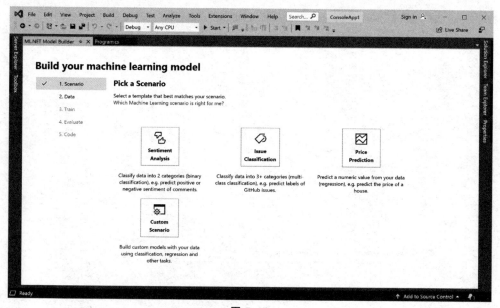

图 7-7

页面上，ML.NET Model Builder 提供了 Sentiment Analysis（情感分析）、Issue Classification（问题分类）和 Price Prediction（价格预测）三个场景，它们分别对应二分类（Binary Classification）、多分类（Multiclass Classification）和回归（Regression）机器学习任务。因为本节的心脏病检测不是现成的场景，所以单击 Custom Scenario（自定义场景）按钮。

在 Data 页面上，选择 File（文件）作为输入类型，选择前面处理好的 HeartTraining.Preprocessed.csv 文件，然后选择 num 作为预测列，如图 7-8 所示。选好后可以在 Data Preview 区域预览文件中的部分数据。当在 C#代码里通过 ML.NET 的 API 加载数据时，可以指定使用";"作为分隔符，但在这里没法指定，必须预先处理。除了文件，也可以从 SQL Server 加载数据，可以连接到本地 SQLServer 或者 Azure SQL Database。

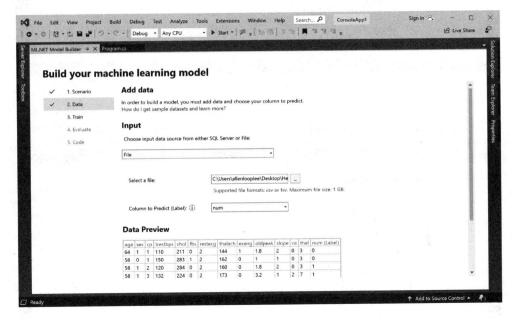

图 7-8

在 Train 页面上，选择 binary-classification 作为机器学习任务，设置 10 s 训练时间，然后单击 Start training 按钮，如图 7-9 所示。10 s 后，ML.NET Model Builder 找到 SgdCalibratedBinary 算法以及相关的参数组合，准确率高达 95.45%。GitHub 上的手工示例代码使用的是 FastTree 算法，运行后得到的准确率是 95%。看来 ML.NET Model Builder 的表现也是不错的。

在 Evaluate 页面上，ML.NET Model Builder 会总结这次训练，并列出它找到的 5 个最好的模型，如图 7-10 所示。你看到这 5 个模型的算法是一样的，但它们各自有着不同的超参数，因此性能也有所不同。

最后，在 Code 页面上，单击 Add Projects 按钮，ML.NET Model Builder 会把生

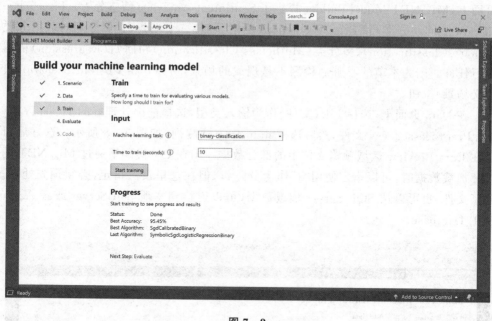

图 7-9

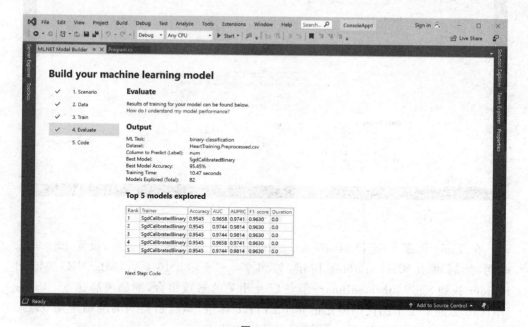

图 7-10

成的代码添加到当前解决方案中,并告诉你如何使用训练好的模型,如图 7-11 所示。

打开 Solution Explorer 窗口,可以看到两个新的项目,如图 7-12 所示,一个是基于 .NET Core 的 ConsoleApp,包含了训练模型的代码(ModelBuilder.cs)和使用

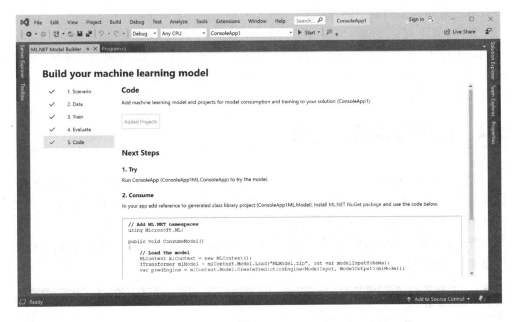

图 7-11

模型的代码(Program.cs);另一个是 ClassLibrary,包含了训练好的模型(MLModel.zip)和输入/输出的类型(ModelInput.cs 和 ModelOutput.cs)。

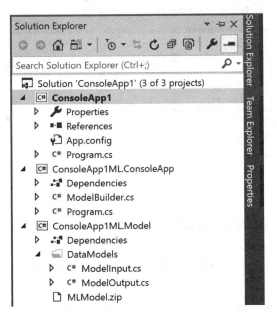

图 7-12

在继续之前,建议先打开 ConsoleApp1ML.ConsoleApp 项目的 Program.cs 文

件看看它是如何使用模型的。

另外,值得提醒的是,ML.NET Model Builder 只能在 Windows 上的 Visual Studio 里使用,如果想在 macOS 或者 Linux 上自动训练模型,可以使用 ML.NET CLI,详情可以参见 https://docs.microsoft.com/en-us/dotnet/machine-learning/automate-training-with-cli。

7.4 使用模型预测结果

我把使用模型的代码封装到一个自定义活动中,然后把 NuGet 包发布到桌面,这样可以在多个项目中重用相同的代码和模型。我们将在下一节中探讨这个自定义活动的创建和发布,本节先来看看如何使用。

首先,创建一个空白的流程,然后打开 Manage Packages 窗口,在 Settings 页面中添加一个用户定义包源,并使其指向桌面,如图 7-13 所示。

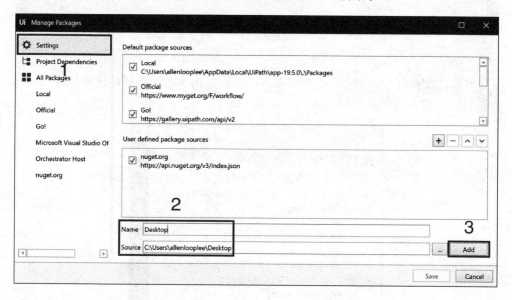

图 7-13

添加后,左边显示 Desktop,如图 7-14 所示,单击它,中间将显示心脏病检测活动,选中此活动并单击 Install 按钮,再单击 Save 按钮。

安装后可以在 Activities 窗口中找到 Heart Disease Detector 活动,如图 7-15 所示。

在设计器中添加一个 Read CSV 活动,用来读取测试数据的 CSV 文件,读取的结果保存到 TestData 变量,如图 7-16 所示。值得注意的是,需要按照前面处理 HeartTraining.csv 的方式先行处理一下才能使用。

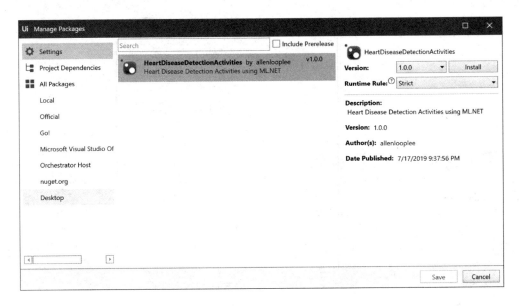

图 7 - 14

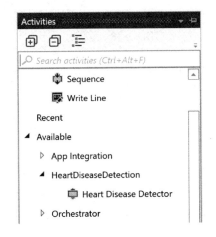

图 7 - 15

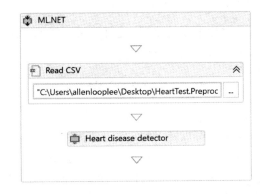

图 7 - 16

在 Read CSV 活动下放置一个 Heart Disease Detector 活动,它的属性设置如图 7 - 17 所示。Data 就是 Read CSV 活动输出的结果,ModelFilePath 是前面训练好的模型 MLModel.zip 的路径,检测的结果保存到 Results 变量。

接着,用 For Each Row 活动把检测结果写到 TestData 对应的位置,再用 Write CSV 活动把 TestData 保存到 CSV 文件中,如图 7 - 18 所示。需要说明的是,我创建了一个 RowIndex 变量保存 For Each Row 的当前索引,这样就能在 Results 中找到对应的检测结果了。

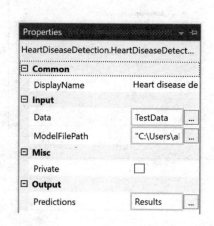

图 7-17

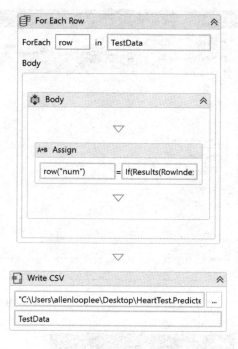

图 7-18

一切准备就绪后,就可以按 F5 键运行流程。现在可以打开最后保存的 CSV 文件查看检测结果了。

7.5 拖放式机器学习

我们可以针对特定的案例提供专门的机器学习活动,但我们也想在 UiPath Studio 中通过拖放的方式执行通用的机器学习任务。比如,心脏病检测案例原本的数据库包含了 76 个特征,实际上只用了其中的 14 个特征,如果我们加载了原本的数据库,那么在训练模型之前,我们需要选择特征,这是一个常见的数据处理任务。

假设有一个 ML.Activities 包,里面包含若干机器学习操作,我们可以通过 Manage Packages 窗口安装它,如图 7-19 所示。与此同时,我们也安装了 msmlx86.Activities 包,这是我自己创建的一个包,里面包含了 ML.NET 的相关 DLL。在下一节中,我们将会探讨如何创建 ML.Activities 包,以及为何需要创建和安装 msmlx86.Activities 包。

安装好后,可以在 Activities 窗口中看到 4 个机器学习活动,如图 7-20 所示,把 MLScope 活动拖入设计器中,然后把 Load From Text File 活动、Select Columns 活动和 Save To Text File 活动依次拖入 MLScope 活动中,并设置这些活动的相关属性,就可以对加载的数据选择特征了。

图 7 – 19

图 7 – 20

可以按照下一节讲述的方法创建其他数据处理活动,比如,缺失值处理、类别数据转换和数据规整等;还可以创建一个活动检查数据是否存在类别不均的情况,如果是就需要使用过采样或欠采样处理一下,否则训练出来的模型会有很强的偏见。甚至可以把 AutoML 的 API 也封装到活动中,让你的机器人自动收集新的数据、处理数据、自动训练模型、预测结果、生成报告并发给相关的人。

第 8 章

RPA x WF x WPF

8.1 站在 WF 的肩膀上

第一次看到 UiPath Studio 的工作流设计器时，我就有一种莫名的熟悉感，问过之后才知道，原来是 Windows Workflow Foundation(WF)的工作流设计器。事实上，在 Visual Studio 之外的环境中加载工作流设计器正是 WF 的功能之一(参见 https://docs.microsoft.com/en-us/dotnet/framework/windows-workflow-foundation/rehosting-the-workflow-designer)。

我们在 UiPath Studio 中创建的流程其实就是 WF 工作流，而 UiPath Robot 就是执行这些工作流的入口点，在 WF 中，可以通过 Workflow Invoker 调用工作流，可以通过 Workflow Application 控制工作流实例的运行，它们都是 WF 运行时引擎的组成部分。

WF 拥有完善的活动架构，可以创建我们自己的活动，可以在 Visual Studio 中创建复杂的自定义活动，也可以在运行时根据情况动态创建活动。UiPath 正是站在 WF 的肩膀上为我们提供丰富的 RPA 活动和功能。Microsoft Build 2019 开发者大会之后，微软把 WF 交给 UiPath 移植到 .NET Core 上，并在 GitHub 上以 Core WF 项目开源(https://github.com/UiPath/corewf)。如果 Core WF 项目得以成行，我们将有机会在 macOS 和 Linux 上运行 WF 工作流。

如果说前面我们都是在使用别人创建的活动，那么接下来我们将要学习如何创建我们自己的活动。

8.2 创建自定义活动项目

打开 Visual Studio，创建一个 Activity Library 项目，如图 8-1 所示。你可以根据喜好选择 C♯ 或 VB.NET 语言。如果你没有找到这个项目模版，那可能是你在安装 Visual Studio 时没有选中 Windows Workflow Foundation 组件，你需要通过 Visual Studio 安装程序把它装上。

输入项目名称和位置，然后单击 Create 按钮，如图 8-2 所示。

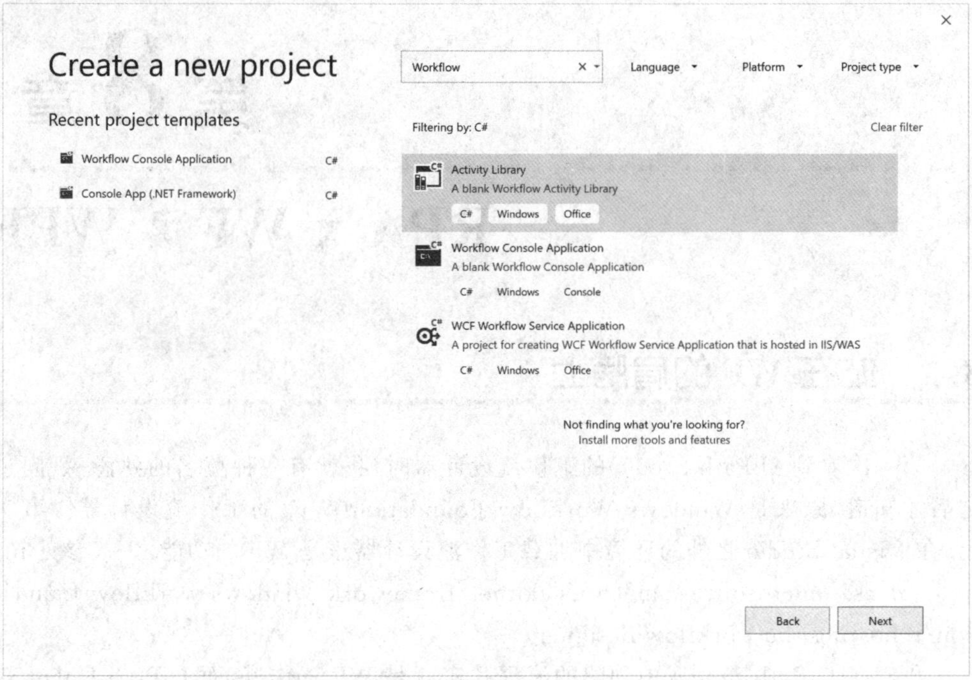
Create a new project
Workflow
Language
Platform
Project type
Recent project templates
Workflow Console Application C#
Console App (.NET Framework) C#
Filtering by: C#
Clear filter
Activity Library
A blank Workflow Activity Library
C# Windows Office
Workflow Console Application
A blank Workflow Console Application
C# Windows Console
WCF Workflow Service Application
A project for creating WCF Workflow Service Application that is hosted in IIS/WAS
C# Windows Office
Not finding what you're looking for?
Install more tools and features
Back
Next

图 8-1

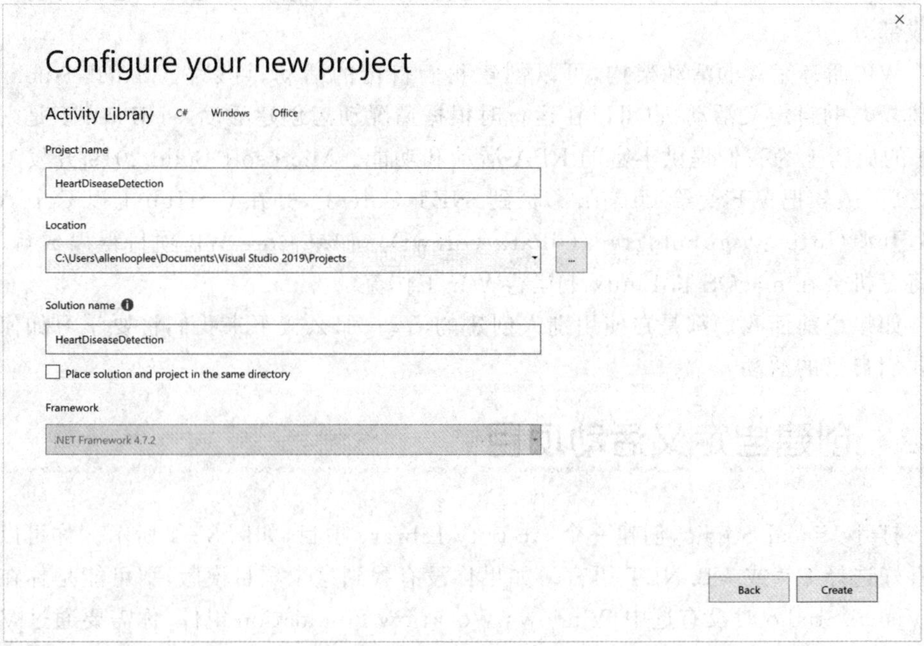
Configure your new project
Activity Library C# Windows Office
Project name
HeartDiseaseDetection
Location
C:\Users\allenlooplee\Documents\Visual Studio 2019\Projects
Solution name
HeartDiseaseDetection
Place solution and project in the same directory
Framework
.NET Framework 4.7.2
Back
Create

图 8-2

在继续之前,先打开项目属性,把目标平台改为 x86,如图 8-3 所示,否则 UiPath Studio 的 Activities 窗口不会显示我们的活动。值得提醒的是,我们创建的项目默认使用.NET Framework 4.7.2,如果你发现生成的活动包在 UiPath Studio 中出现兼容性问题,建议你把目标框架改为.NET Framework 4.6.1。

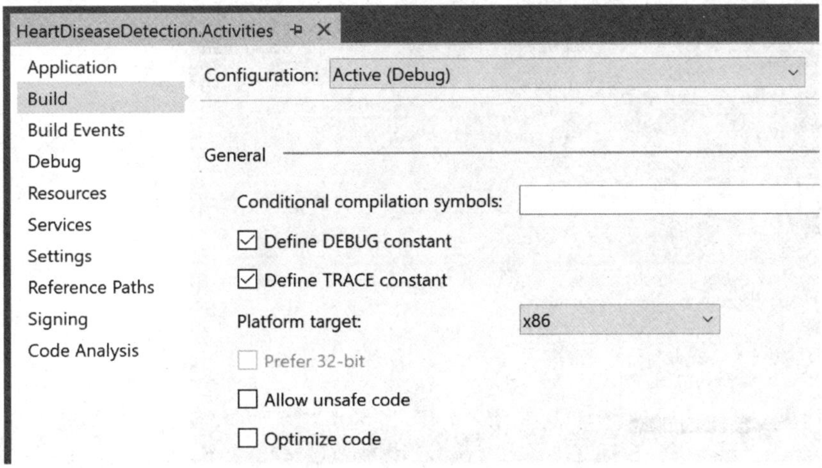

图 8-3

通过 NuGet Package Manager 添加 Microsoft.ML 包,如图 8-4 所示。

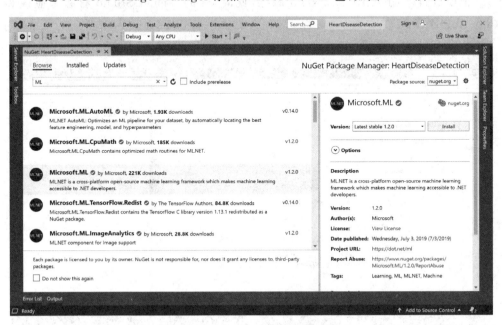

图 8-4

在项目中添加一个 Code Activity,并把代码的文件名设为 HeartDiseaseDetector.cs，如图 8-5 所示。

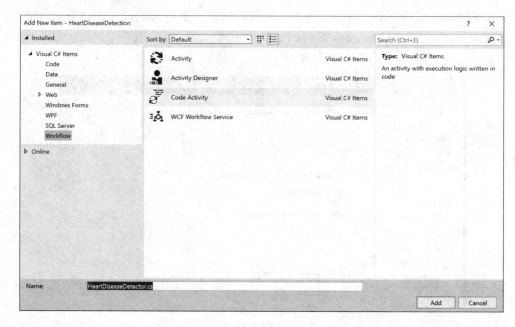

图 8-5

把项目自带的 Activity1.xaml 删除，此时，你的 Visual Studio 看起来应该和图 8-6 差不多。

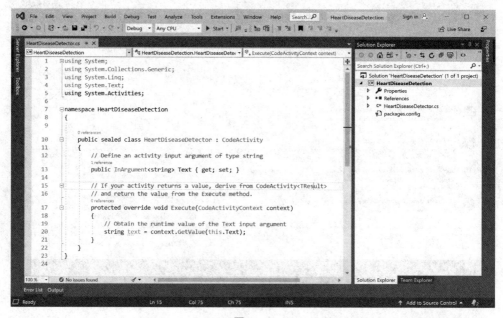

图 8-6

在代码顶部添加一下命名空间引用,然后把 HeartDiseaseDetector 类自带的属性删除,并清空 Execute 方法中的代码。

```
using System.ComponentModel;
using System.Data;
using HeartDiseaseDetection.DataModels;
using Microsoft.ML;
```

在 HeartDiseaseDetector 类中添加 ModelFilePath、Data 和 Predictions 三个属性,它们分别用来保存模型的路径、输入数据和输出结果。Category 特性用来标记一个属性在 UiPath Studio 的 Properties 窗口中的类别。

```
namespace HeartDiseaseDetection
{
    public sealedclassHeartDiseaseDetector :CodeActivity
    {
        // Define an activity input argument of type string
        [Category("Input")]
        public InArgument<string>ModelFilePath{ get; set; }
        [Category("Input")]
        public InArgument<DataTable> Data { get; set; }
        [Category("Output")]
        public OutArgument<bool[]> Predictions { get; set; }
        // If your activity returns a value, derive from CodeActivity<TResult>
        // and return the value from the Execute method.
        protected overridevoidExecute(CodeActivityContext context)
        {
        }
    }
}
```

通过 Reference Manager 添加 System.Data.DataSetExtensions 引用,如图 8-7 所示。可以在 Solution Explorer 窗口中右击项目节点,然后单击 Add Reference 菜单项打开 Reference Manager 窗口。

在 HeartDiseaseDetector 类中添加 ConvertFrom 方法,用来把输入的 DataTable 对象转成一组 ModelInput 对象,每个 DataRow 对象对应一个 ModelInput 对象。这其实就是一个搬砖的方法,在实际的应用中,如果我们的数据保存在 SQLServer 中,可以通过 EntityFramework 把数据读到实体类的对象中。

```
private IEnumerable<ModelInput>ConvertFrom(DataTable data)
{
    return
        from row indata.AsEnumerable()
```

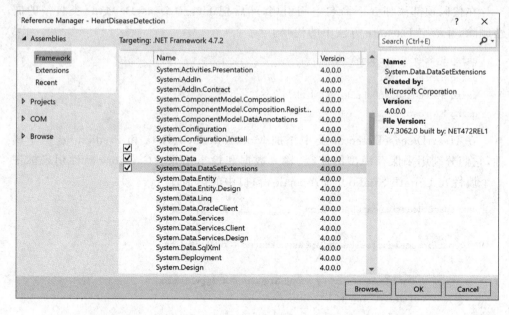

图 8-7

```
select new ModelInput
{
    Age = Convert.ToSingle(row["age"].ToString()),
    Sex = Convert.ToSingle(row["sex"].ToString()),
    Cp = Convert.ToSingle(row["cp"].ToString()),
    Trestbps = Convert.ToSingle(row["trestbps"].ToString()),
    Chol = Convert.ToSingle(row["chol"].ToString()),
    Fbs = Convert.ToSingle(row["fbs"].ToString()),
    Restecg = Convert.ToSingle(row["restecg"].ToString()),
    Thalach = Convert.ToSingle(row["thalach"].ToString()),
    Exang = Convert.ToSingle(row["exang"].ToString()),
    Oldpeak = Convert.ToSingle(row["oldpeak"].ToString()),
    Slope = Convert.ToSingle(row["slope"].ToString()),
    Ca = Convert.ToSingle(row["ca"].ToString()),
    Thal = Convert.ToSingle(row["thal"].ToString())
};
}
```

最后把 ML.NET Model Builder 生成的使用模型的代码搬到 Exceute 方法中，并做适当的修改。

```
protected overridevoidExecute(CodeActivityContext context)
{
    MLContextmlContext = newMLContext();
```

```
varmodelFilePath = context.GetValue(this.ModelFilePath);
ITransformermlModel =
mlContext.Model.Load(modelFilePath,outDataViewSchemainputSchema);
varpredEngine =
mlContext.Model.CreatePredictionEngine<ModelInput, ModelOutput>(mlModel);

var data = context.GetValue(this.Data);
varmodelInputs = ConvertFrom(data);

varmodalOutputs =
frommodelInputinmodelInputs
selectpredEngine.Predict(modelInput).Prediction;
Predictions.Set(context, modalOutputs.ToArray());
}
```

改好之后,通过 Visual Studio 生成 DLL 文件,这些文件放在项目的 bin\Debug\ 中。

8.3　发布自定义活动包

接下来将使用 NuGet Package Explorer 发布活动包,这是一个开源的工具,可以在 Microsoft Store 中安装它,如图 8-8 所示。

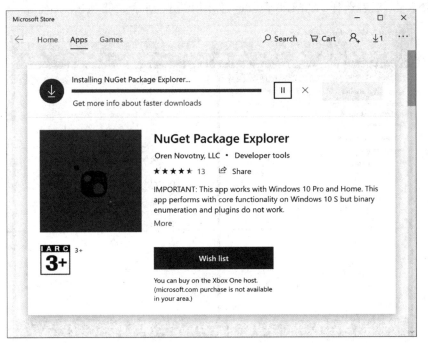

图 8-8

安装好后，打开 NuGet Package Explorer，如图 8-9 所示，在 Common tasks 中选择 Create a new package（Ctrl+N）。

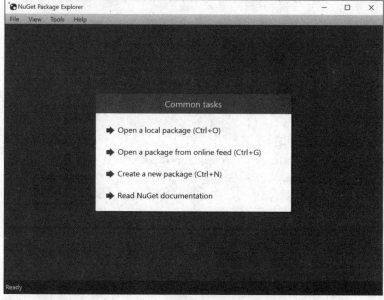

图 8-9

主窗体分为左右两个部分，左边编辑包的元数据和右边编辑包的内容。在右边空白处右击，然后选择 Add Lib Folder，如图 8-10 所示。

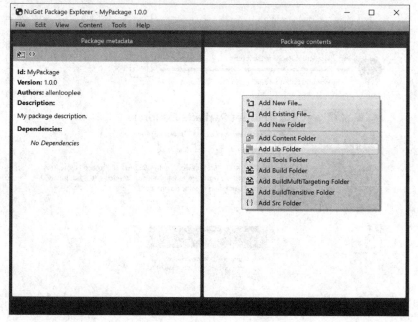

图 8-10

把包的 Id 改为 HeartDiseaseDetectionActivities，然后把前面生成的 DLL 文件全部拖到 lib 下面，如图 8-11 所示。值得提醒的是，包的 Id 必须包含 Activities 才会在 UiPath Studio 的 Manage Packages 窗口中显示。

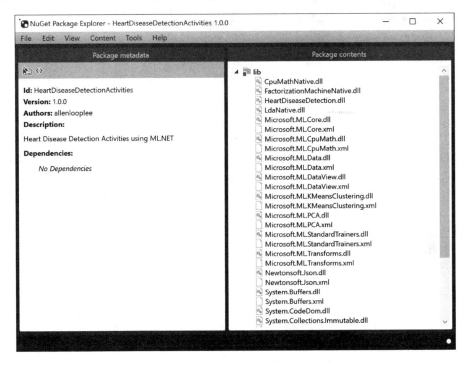

图 8-11

最后把包保存到桌面，就可以到 UiPath Studio 里使用了。

8.4　自定义活动设计器

心脏病检测活动目前的外观如图 8-12 所示，我希望它能像 Read CSV 那样提供一个文本框和一个按钮，单击这个按钮可以打开一个窗口选择模型文件，选好之后把文件的路径填到文本框中。接下来，我们将会实现这样的效果，这部分内容将会用到一些 WPF（Windows Presentation Foundation）的知识，如布局控件、数据绑定和转换器等。

首先添加一个 Activity Designer，如图 8-13 所示。创建好后，可以看到一个活动设计器，里面有一个空的 Grid 布局控件，如图 8-14 所示，上面是设计预览，下面是 XAML 代码。

把 <Grid></Grid> 替换为以下代码：

```
<Grid>
```

```
<Grid.ColumnDefinitions>
<ColumnDefinition Width = " * "/>
<ColumnDefinition Width = "Auto"/>
</Grid.ColumnDefinitions>
<sapv:ExpressionTextBoxHintText = "Enter a model file path"/>
<Button Content = "..." Width = "24"Grid.Column = "1" Margin = "6,0,0,0"/>
</Grid>
```

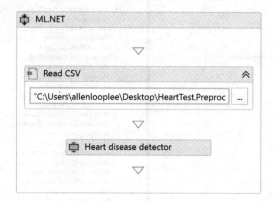

图 8 – 12

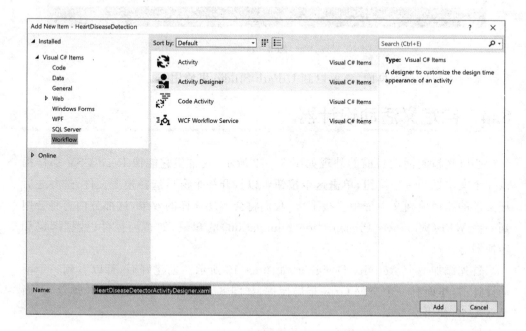

图 8 – 13

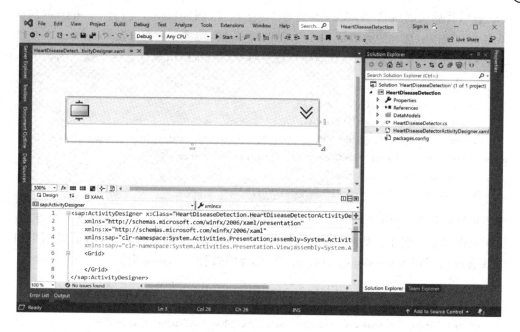

图 8 - 14

这个代码通过 Grid.ColumnDefinitions 把 Grid 分成两列,第二列的宽度是 Auto,表示根据子控件自动调整宽度;第一列的宽度是"*",表示占满剩余空间。Grid.Column 用来指定子控件放在第几列,第一列为 0,可以省略不写;第二列为 1,写作:Grid.Column="1"。把一个 Button 控件放在第二列,把一个 ExpressionTextBox 控件放在第一列。和普通的 TextBox 控件相比,ExpressionTextBox 控件支持代码着色和智能感知。

替换好后,设计预览如图 8 - 15 所示。

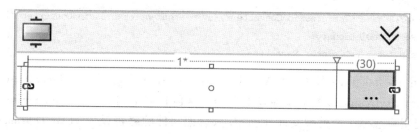

图 8 - 15

在 ExpressionTextBox 上设置 x:Name、Expression、ExpressionType 和 OwnerActivity 等属性。ExpressionType 属性告诉 ExpressionTextBox 控件表达式的运算结果是 String 类型,如果是其他类型就会在 UiPath Studio 设计器中直接显示错误。Expression 属性通过 WPF 的数据绑定和 HeartDisease Detector 类的 ModelFilePath 属性进行双向绑定(Mode=TwoWay)。在 Activity Designer 中,ModelItem 表示背后关联的活动,在这里就是 HeartDiseaseDetector。因为 Expression 属性和 ModelFilePath 属性的类型是不同的,所以需要进行转换。我们通过 Converter 参数指定转换器,并通过 ConverterParameter 参数表明 ModelFilePath 属性是一个输入参数。

```
<sapv:ExpressionTextBox
x:Name = "modelFilePathTextBox"
HintText = "Enter a model file path"
Expression = "{Binding Path = ModelItem.ModelFilePath, Mode = TwoWay, Converter = {StaticResourceargumentToExpressionConverter},ConverterParameter = In}"
ExpressionType = "sys:String"
OwnerActivity = "{Binding Path = ModelItem}"/>
```

转换器是在 Activity Designer 的资源字典中初始化的,我们给它设置一个键,方便在数据绑定中引用。另外,我们也添加了 sapc 和 sys 两个命名空间,前者用来引用 ArgumentToExpressionConverter 类,后者用来引用 String 类。

```
<sap:ActivityDesigner x:Class = "HeartDiseaseDetection.HeartDiseaseDetectorActivityDesigner"
    xmlns = "http://schemas.microsoft.com/winfx/2006/xaml/presentation"
    xmlns:x = "http://schemas.microsoft.com/winfx/2006/xaml"
    xmlns:sap = "clr-namespace:System.Activities.Presentation;assembly = System.Activities.Presentation"
    xmlns:sapv = "clr-namespace:System.Activities.Presentation.View;assembly = System.Activities.Presentation"
    xmlns:sapc = "clr-namespace:System.Activities.Presentation.Converters;assembly = System.Activities.Presentation"
    xmlns:sys = "clr-namespace:System;assembly = mscorlib">
    <sap:ActivityDesigner.Resources>
        <ResourceDictionary>
            <sapc:ArgumentToExpressionConverterx:Key = "argumentToExpressionConverter"/>
        </ResourceDictionary>
    </sap:ActivityDesigner.Resources>
```

打开 HeartDiseaseDetectorActivityDesigner.xaml.cs 文件,在 HeartDiseaseDetectorActivityDesigner 类中添加以下代码。这段代码会打开一个 Open File Dialog 窗口,当用户选择一个模型文件并确定时,会把文件的路径设为 HeartDiseaseDetector 类的 ModelFilePath 属性的值。需要说明的是,我们通过 ModelItem.Properties["ModelFilePath"]来访问 HeartDiseaseDetector 类的 ModelFilePath 属性,通过 InArgument<string>来包装文件的路径,再通过 SetValue 方法设置属性的值。

```
private void Button_Click(object sender, RoutedEventArgs e)
{
    Microsoft.Win32.OpenFileDialogdlg = new Microsoft.Win32.OpenFileDialog
```

```
{
    DefaultExt = ".zip", // Default file extension
    Filter = "Model files (.zip)|*.zip", // Filter files by extension
    CheckPathExists = true
};
// Show open file dialog box
bool? result = dlg.ShowDialog();
// Process open file dialog box results
if (result = = true)
{
    ModelItem.Properties["ModelFilePath"].SetValue(newSystem.Activities.InArgument<string>(dlg.FileName));
}
}
```

回到 HeartDiseaseDetectorActivityDesigner.xaml，在 Button 的 XAML 代码上添加 Click＝"Button_Click"，把 Button 的单击操作和上面这段代码关联起来。

```
<Button Content = "..." Click = "Button_Click" Width = "24"Grid.Column = "1" Margin = "6,0,0,0"/>
```

最后，在 HeartDiseaseDetector 类上通过 Designer 特性把活动和活动设计器关联起来，就大功告成了。

```
[Designer(typeof(HeartDiseaseDetectorActivityDesigner))]
publicsealedclassHeartDiseaseDetector :CodeActivity
```

现在，在 Visual Studio 中重新生成项目，在 NuGetPackageExplorer 创建新的包（记住在包的元数据中更新版本号），然后在 UiPath Studio 中更新这个包，就可以看到新的外观了，如图 8－16 所示。

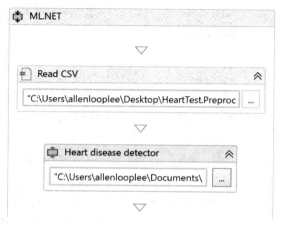

图 8－16

8.5 使用 UiPathActivitySet 创建自定义活动

正如你所见,要创建自定义活动,我们需要处理很多周边的事情,其中三个大头就是自定义活动、自定义活动设计器和发布 NuGet 包。为了简化这些工作,UiPath 提供了一个 ActivitySet 工具,和 ML.NET Model Builder 一样,它也是一个 Visual Studio 扩展,可以在 Manage Extensions 窗口中搜索 UiPath 并安装 UiPathActivity Set,如图 8 – 17 所示。

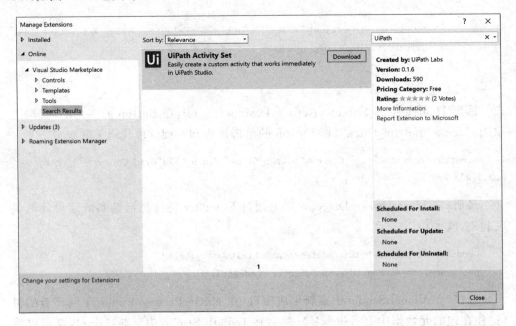

图 8 – 17

安装后,创建一个 UiPath Activity Set 项目,如图 8 – 18 所示。

这里把项目名称设为 ML,如图 8 – 19 所示。

项目创建好后,选中 ML.Activities.Design 项目,单击 Extensions\UiPath\Initialize UiPath solution 菜单项,如图 8 – 20 所示,再单击 Extensions\UiPath\Add.nuspec file 菜单项。然后,打开 ML.Activities.Design 项目的属性,在 Application 页面更改程序集和文件的版本号,否则包的版本号将是 0.0.0。如果要更改包的输出路径,需要同时更改三个项目的输出路径。接着,更新 ML 项目的 Newtonsoft.Json 包,并安装 Microsoft.ML 和 Microsoft.ML.AutoML 两个包,并把 ML 项目的目标平台改为 x86。

整个解决方案包含 ML、ML.Activities 和 ML.Activities.Design 三个项目,ML 项目将会包含机器学习的主要代码,实际上这些代码将放在 Application.cs 中;ML.

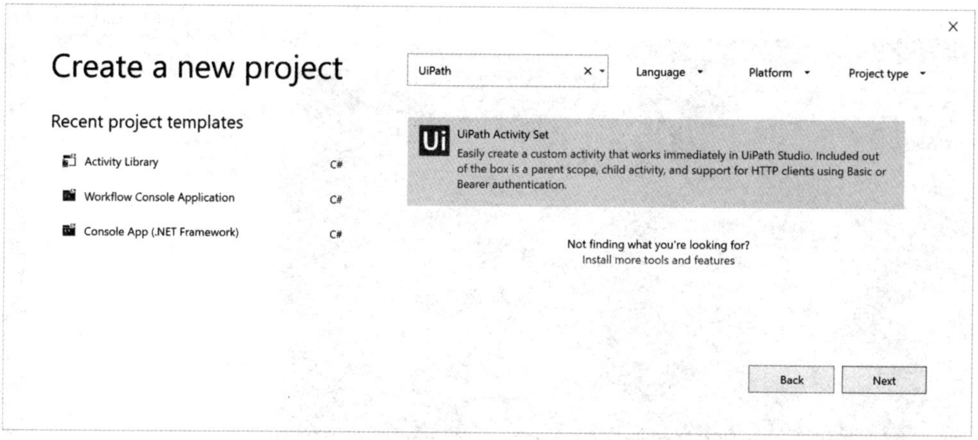

图 8-18

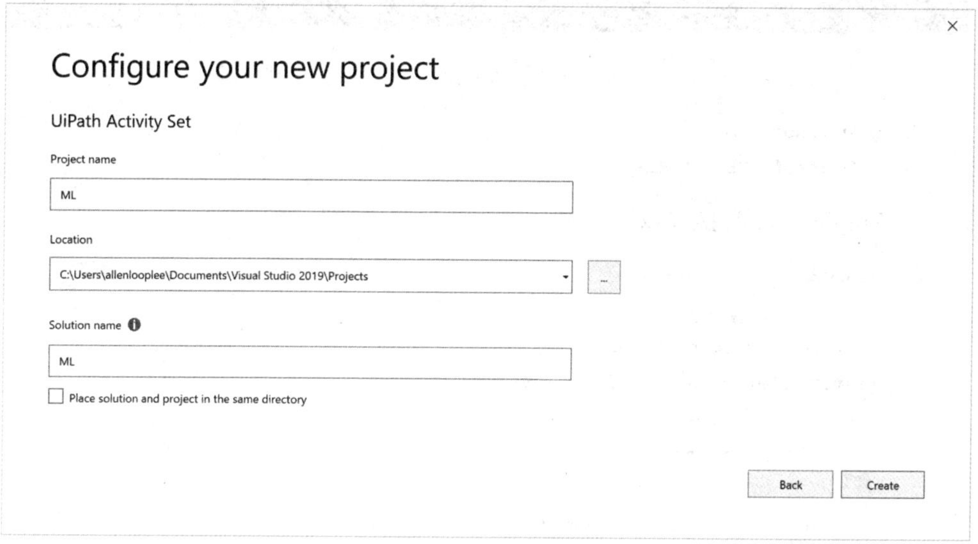

图 8-19

Activities 项目将包含机器学习的自定义活动，这些活动将调用 Application 类相应的方法来执行相应的操作；ML.Activities.Design 项目将包含自定义活动设计器，并在 DesignerMetadata.cs 中把这些自定义活动设计器关联到 ML.Activities 项目的自定义活动。接下来，将逐一改造这三个项目，创建一个 LoadFromTextFile 活动。

ML 项目的本意是为远程服务提供一个客户端，这种情况可能需要登录或者验证等操作，因此，可以在 ML 项目里看到很多和 HTTP 相关的代码，但在这里，这些代码都可以删除。打开 Application.cs，在顶部引用以下两个命名空间：

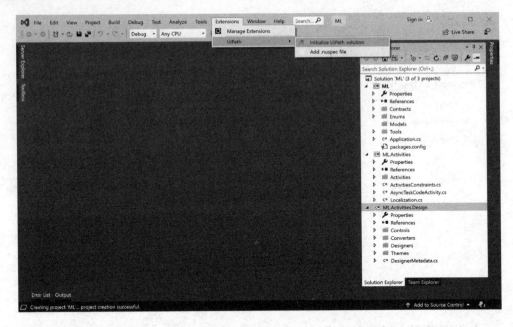

图 8 - 20

```
using Microsoft.ML;
using Microsoft.ML.AutoML;
```

把 Application 类换成以下代码:

```
public class Application
{
    private MLContext _mlContext;
    private IDataView _trainDataView;

    public Application()
    {
        _mlContext = newMLContext();
    }
    public void LoadFromTextFile(string filePath, string labelColumnName)
    {
        varcolumnInference =
            _mlContext.Auto().InferColumns(filePath, labelColumnName, separator
            Char:',', groupColumns: false);
        vartextLoader =
            _mlContext.Data.CreateTextLoader(columnInference.TextLoaderOptions);
        _trainDataView = textLoader.Load(filePath);
    }
}
```

在 Application 类的构造函数中创建 MLContext 对象,在 LoadFromTextFile 方法中,先用 ML.NET 的 AutoML 推断 CSV 文件中的列信息,然后用这些列信息创建 TextLoader 对象,接着用这个 TextLoader 对象加载 CSV 文件中的数据。LoadFromTextFile 方法接受两个参数,一个是 CSV 文件的路径,另一个是标签列名,这两个参数将会反映在 LoadFromTextFile 活动的输入属性中。

ML.Activities 项目包含一些公共代码和两个示例活动,一个是 ParentScope 活动,另一个是 ChildActivity 活动,前者相当于 Excel Application Scope 活动;后者相当于 Read Range 活动,需要放在前者中才能正常工作。这里把 ParentScope 重命名为 MLScope,ChildActivity 重命名为 LoadFromTextFile。

打开 MLScope.cs,把 Username、Password 和 URL 等输入属性删除,把 Execute 方法换成以下代码:

```
protected override void Execute(NativeActivityContext context)
{
    var application = newApplication();
    if (Body ! = null)
    {
        context.ScheduleAction<Application>(
        Body, application, OnCompleted, OnFaulted);
    }
}
```

MLScope 活动的改造已经完成,但在改造 LoadFromTextFile 活动之前,先要改造 AsyncTaskCodeActivity 类,因为它的 ExecuteAsync 方法的返回值类型应该是 Task 而不是 Task＜Action＜AsyncCodeActivityContext＞＞。打开 AsyncTaskCodeActivity.cs,把 173 和 188 两行的 Task＜Action＜AsyncCodeActivityContext＞＞改为 Task,把 162、163 和 178 三行注释掉(或者直接删除),这部分代码的改造需要用到 C#异步编程的知识,尤其是 TPL(TaskParallelLibrary)的知识。

AsyncTaskCodeActivity 类改造好后,就可以继续改造 LoadFromTextFile 活动了。打开 LoadFromTextFile.cs,把 LoadFromTextFile 类换成以下代码,在 ExecuteAsync 方法中,通过 TPL 异步调用 Application 类的 LoadFromTextFile 方法。

```
public class LoadFromTextFile :AsyncTaskCodeActivity
{
    public InArgument<string> FilePath { get; set; }
    public InArgument<string> LabelColumnName { get; set; }
    protected override void CacheMetadata(CodeActivityMetadata metadata)
    {
        base.CacheMetadata(metadata);
    }
```

```
protected override Task ExecuteAsync(
AsyncCodeActivityContext context,
CancellationTokencancellationToken, Application client)
{
    var filePath = FilePath.Get(context);
    var labelColumnName = LabelColumnName.Get(context);
    return Task.Run(() =>client.LoadFromTextFile(filePath, labelColumnName));
}
}
```

ML.Activities.Design 项目也包含了一些公共代码和两个示例活动设计器，对应 ML.Activities 项目包含的两个示例活动。将 ParentScopeDesigner 重命名为 MLScopeDesigner，将 ChildActivityDesigner 重命名为 LoadFromTextFileDesigner。值得提醒的是，应该使用 Visual Studio 的重命名功能，这样可以把.cs 和.xaml 文件的相关地方都换成新的名字。MLScopeDesigner.xaml 保持现状就可以，LoadFromTextFileDesigner.xaml 则需要添加一个和前面的 HeartDiseaseDetectorActivityDesigner 类似的打开文件的功能，不过这次我们不再从头做起，而是使用 UiPathActivitySet 提供的 FilePathControl 控件，它位于 ML.Activities.Design 项目的 Controls 文件夹中。

打开 LoadFromTextFileDesigner.xaml，在根结点中添加以下两个 XML 命名空间：

```
xmlns:sapc = "clr-namespace:System.Activities.Presentation.Converters;assembly = System.Activities.Presentation"
xmlns:Presentation = "clr-namespace:UiPath.Activities.Presentation"
```

在活动设计器的资源字典中添加一个 ArgumentToExpressionConverter 转换器：

```
<sapc:ArgumentToExpressionConverterx:Key = "argumentToExpressionConverter"/>
```

再在活动设计器中添加一个 Grid 布局控件，并在其中添加一个 FilePathControl 控件：

```
<Grid>
<Presentation:FilePathControl
ModelItem = "{Binding Path = ModelItem}"
Expression = "{Binding Path = ModelItem.FilePath, Mode = TwoWay, Converter = {StaticResourceargumentToExpressionConverter},ConverterParameter = In}"
PropertyName = "FilePath"
Filter = "CSV files | *.csv"/>
</Grid>
```

改造好后，就可以生成整个解决方案了，可以在 Visual Studio 的 Output 窗口中看到生成的包在哪里，如图 8-21 所示。

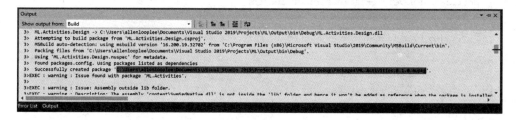

图 8-21

把这个包复制到你专门用来放包的地方，然后到 UiPath Studio 中安装。如果现在到 UiPath Studio 中安装 ML.Activities.0.1.0.nupkg，会发现装不上，UiPath Studio 会提示无法加载相关程序集，如图 8-22 所示。事实上，如果你试图直接安装 ML.NET 的 NuGet 包，也会看到相同的错误。

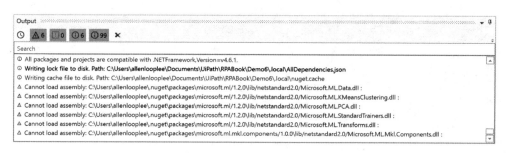

图 8-22

解决这个问题的办法有两个，一个是手动修改 UiPathActivitySet 生成的包，把所有"bin\Debug\"中的所有 DLL 都添加进去，然后去掉这个包对 ML.NET 的依赖；另一个是自己创建一个干净的 ML.NET 包，把相关的 DLL 添加进去，每次使用 ML.NET 之前添加这个包。为了最大限度享受 UiPathActivitySet 的便利性，这里建议采用第二个办法。

最后，留两个练手的机会。打开 Application.cs，把以下两个方法添加到 Application 类中，然后分别为它们创建对应的自定义活动和活动设计器。提示：SaveToTextFile 活动可以参照前面的 LoadFromTextFile，而 Select Columns 活动可以通过 ExpressionTextBox 控件来接收用逗号分隔的列名。

```
public void SelectColumns(params string[] columnNames)
{
    IEstimator<ITransformer> estimator = _mlContext.Transforms.SelectColumns
                                        (columnNames);
    ITransformer transformer = estimator.Fit(_trainDataView);
```

```
    _trainDataView = transformer.Transform(_trainDataView);
}
public void SaveToTextFile(stringfilePath)
{
    using (var fileStream = System.IO.File.OpenWrite(filePath))
    {
        _mlContext.Data.SaveAsText(_trainDataView, fileStream, separatorChar:',',
        schema: false);
    }
}
```

将来等你创建好了自己的活动包,你可以把它们发布到 UiPath Go 上和其他开发者分享你的成果。

第四篇　实践篇

第 9 章

案例实践：货基收益自动对账

9.1 需求收集与分析

现在很多人都喜欢把零钱放在余额宝、微信零钱通和京东小金库等，这样既能享受远高于银行活期存款利息的收益，又能方便地消费和转账，我也这样。除此以外，我平时还会使用网易有钱 App(http://qian.163.com/)记账，一般的账户是没有问题的，但上述三个账户就会碰到记账和对账的便利性不可兼得的问题。

我们知道，余额宝、微信零钱通和京东小金库本身都是货币基金，如果你在网易有钱 App 中把它们添加为投资账户，输入对应的基金代码，网易有钱 App 会自动计算每日的收益并更新账户余额，但当你使用账户里的钱来消费和转账时，记账会变得非常麻烦；如果你把它们添加为资金账户，你可以像往常一样方便地记账，但账户余额就会失去同步，需要手动记账填平差额。

拿京东小金库来举例，我现在的做法是，每个月的月中和月末都会查看网易有钱 App 和京东金融 App，看看差额是多少，然后列出半个月的收益明细到 Excel 做个汇总，如果收益之和等于差额，就记一笔账填平差额，否则就会出错，因为账不平肯定有漏记，而找出漏记的是哪(几)笔是一个让人非常抓狂的过程。有人说，对于一个会计来说，最痛苦的不是凭证或者数字很多，而是终于把账记完了却发现账不平！

我把这个流程(记作"流程 v1")用文字详细描述如下：

① 打开 Excel，创建一个空的工作簿；

② 打开网易有钱 App 查看小金库零用钱的账户余额，填入 A1 单元格；

③ 打开京东金融 App 查看小金库零用钱的资金余额，填入 B1 单元格；

④ 在 C1 单元格中计算差额，即填入公式"＝B1－A1"；

⑤ 在 D 列填入过去半个月的日期，从 D1 单元格开始；

⑥ 在京东金融 App 中查看过去半个月小金库零用钱的收益明细，并在 E 列填入与 D 列的日期对应的收益；

⑦ 在 F1 单元格使用 SUM 函数对 E 列的收益求和；

⑧ 比较 F1 和 C1 的值是否相等；

⑨ 如果相等,在网易有钱 App 中记一笔"流入",账户是"小金库零用钱",金额是 C1 单元格的值,分类是"投资收益",备注是"小金库零用钱收益(2019.8.16—2019.8.31)";

⑩ 否则,把两边过去半个月的收入支出明细逐条比对,找出漏记的,然后在网易有钱 App 中补记。

当流程 v1 由人来做时,使用 Excel 可以让核算和对账变得直观且方便;但当流程 v1 由机器人来做时,使用 Excel 就变得累赘了,因为机器人完全可以通过"心算"来完成核算和对账。我把流程 v1 称为"人类用户容易使用的流程",为了充分发挥机器人的优势,我们应该先把流程 v1 转化为"机器人用户容易使用的流程",然后实现转化之后的流程。

我把转化之后的流程(记作"流程 v2")用文字详细描述如下:

① 在网易有钱中获取小金库零用钱的账户余额,并保存在变量 A1 中;
② 在京东金融中获取小金库零用钱的资金余额,并保存在变量 B1 中;
③ 在京东金融中获取过去半个月小金库零用钱的收益列表;
④ 对收益列表求和,并保存在变量 F1 中;
⑤ 如果 F1 和"B1－A1"相等,在网易有钱中记一笔"流入",账户是"小金库零用钱",金额是 C1 单元格的值,分类是"投资收益",备注是"小金库零用钱收益(2019.8.16—2019.8.31)";
⑥ 否则,把两边过去半个月的收入支出明细逐条比对,找出漏记的,然后在网易有钱中补记。

值得提醒的是,流程 v2 不再包含 App 字眼,这是因为 UiPath 机器人不能操作手机 App,我们必须寻找替代途径,否则流程 v2 无法实现 RPA。

9.2 可行性分析

可行性分析的主要目的是尽可能在开发之前找出并清除潜在的障碍。比如,UiPath 机器人不能操作网易有钱 App,如果网易有钱没有桌面版、网页版或者 API,那么这条路就可能走不下去了。幸运的是,网易有钱和京东金融都有网页版。

在开始之前,我们需要列出打算分析的问题:
① 机器人可以登录网易有钱网页吗?
② 登录网易有钱的过程是否存在验证码或者其他妨碍自动化的因素?
③ 机器人可以在网易有钱中获取小金库零用钱的账户余额吗?
④ 机器人可以登录京东金融网页吗?
⑤ 登录京东金融的过程是否存在验证码或者其他妨碍自动化的因素?
⑥ 机器人可以在京东金融中获取小金库零用钱的资金余额吗?
⑦ 机器人可以在京东金融中单独获取小金库零用钱的收益列表吗?

⑧ 如果不能,机器人可以方便地把收益列表中与小金库零用钱无关的收益过滤掉吗?

⑨ 机器人可以方便地指定收益列表的起止时间吗?

⑩ 机器人在获取收益列表时需要翻页吗?

⑪ 机器人可以在网易有钱中记账吗?

列出上述问题后,我发现流程 v2 有一个值得优化的地方,现有的流程是先进网易有钱获取信息,再进京东金融获取信息,最后回到网易有钱完成核算和记账,如果我们把京东金融的相关步骤放在前面,那么网易有钱的相关步骤就都聚到一起了,这样可以减少在不同网站之间来回切换的次数。

于是,我把流程优化一下(记作"流程 v3"):

① 登录京东金融;

② 在京东金融中获取小金库零用钱的资金余额,并保存在变量 B1 中;

③ 在京东金融中获取过去半个月小金库零用钱的收益列表;

④ 对收益列表求和,并保存在变量 F1 中;

⑤ 登录网易有钱;

⑥ 在网易有钱中获取小金库零用钱的账户余额,并保存在变量 A1 中;

⑦ 如果 F1 和"B1-A1"相等,在网易有钱中记一笔"流入",账户是"小金库零用钱",金额是 C1 单元格的值,分类是"投资收益",备注是"小金库零用钱收益(2019.8.16—2019.8.31)";

⑧ 否则,把两边过去半个月的收入支出明细逐条比对,找出漏记的,然后在网易有钱中补记。

接下来,我们需要借助 UiPath 的相关工具,如 UI Explorer 和 UiPath Studio 的 Data Scraping 向导,站在机器人的角度走一遍流程 v3。你甚至可以创建一个测试流程,使用 Type Into 和 Click 等活动尝试执行流程 v3 的某些操作。

我简单地过了一遍流程 v3,并整理了前面列出的问题对应的结果,如表 9-1 所列。

表 9-1

问 题	结 果
机器人可以登录网易有钱网页吗	可以
登录网易有钱的过程是否存在验证码或者其他妨碍自动化的因素	只需输入用户名和密码就能登录
机器人可以在网易有钱中获取小金库零用钱的账户余额吗	可以,在"资金账户"页面通过 Data Scraping 向导获取所有显示的账户和余额,在找出小金库零用钱的余额

续表 9-1

问 题	结 果
机器人可以登录京东金融网页吗	不可以,可以考虑人工预先登录,再让机器人进行后续操作
登录京东金融的过程是否存在验证码或者其他妨碍自动化的因素	有拼图式验证码
机器人可以在京东金融中获取小金库零用钱的资金余额吗	可以
机器人可以在京东金融中单独获取小金库零用钱的收益列表吗	不能,收益列表同时包含了零用钱和理财金的收益
如果不能,机器人可以方便地把收益列表中与小金库零用钱无关的收益过滤掉吗	没有提供过滤选项,需要通过 Data Table 的相关活动实现过滤
机器人可以方便地指定收益列表的起止时间吗	可以,而且起止日期可以直接输入
机器人在获取收益列表时需要翻页吗	需要翻页
机器人可以在网易有钱中记账吗	不能直接记账,需要在"导入账单"页面使用指定 Excel 模版上传账单数据间接实现

从表 1 不难看出,流程 v3 除了第 1 步需要人工操作外,剩下的步骤都可以交给机器人操作。如果你不希望机器人接触到你的密码,也可以预先登录京东金融和网易有钱,再让机器人完成其他操作;或者可以让机器人检查京东金融和网易有钱的登录状态,如果已经登录就开始工作,否则就让用户先登录再重新启动机器人。

在我看来,做可行性分析本质上就是在回答一个问题:目标流程的哪些步骤可以放心地交给机器人操作?我相信你绝对不想做到一半才发现有些步骤很难告诉机器人怎么操作。随着经验的积累,你会练就一双火眼金睛,能够快速判断哪些步骤机器人很易操作,哪些步骤很难,有没有替代方案等。另外,我建议企业针对日常流程涉及的软件系统构建和维护可行性分析速查清单,它积累曾经做过的流程的可行性分析结果,当我们拿到一个新的流程时,可以对照速查清单快速判断这个流程的哪些步骤可以交给机器人操作,哪些步骤需要做出什么调整。

9.3 流程设计

很多人拿到流程 v3 就以为可以进入开发了,其实没有那么简单,流程 v3 只是从业务的角度搞清楚有哪些主要步骤而已,在开发前,还需要从技术的角度细化这些步骤,甚至为机器人添加一些原本并不存在的步骤,从而得到完整的流程。

首先是网页的登录问题。我希望机器人自动打开京东小金库的网页,检查是否登录,如果是,获取所需的数据;否则,提示并等候我登录。获得所需的数据后就自动退出登录并关闭浏览器。网易有钱也按同样的方式处理。

其次是核算的周期问题。理想状况下,我希望1号到15号为上半月,16号到月底为下半月,但实际上可能会超过几天才记起要做这件事,因此,我希望机器人自动核算上次到今天的收益,每次核算都会在核算日志Excel文件中记录核算的日期和结果。

下面,我结合前面的可行性分析的结果把流程细化一下(记作流程v4):

① 打开核算日志Excel文件,获取上次核算的日期。

② 使用Open Browser活动打开京东小金库网页(https://trade.jr.jd.com/myxjk/jrbincome.action)。

③ 使用Element Exists活动检查登录框是否存在。

④ 如果是,使用Message Box活动提示用户登录。

⑤ 否则,使用Get Text活动获取小金库零用钱的资金余额,并把结果转成Decimal类型保存在变量B1中。在涉及金额的场景中建议使用Decimal表示数字,如果使用Double或Single,可能会出现奇怪的精度问题。

⑥ 使用Type Into活动把上次核算的日期的第二天和昨天分别输入收益列表的起止日期文本框中,然后使用Click活动,单击"查询"按钮。

⑦ 使用UiPath Studio的Data Scraping向导获取交易记录中的收益部分,并把结果保存到一个DataTable中。

⑧ 使用Filter Data Table活动筛选小金库零用钱的收益列表。

⑨ 使用For Each Row活动对收益列表求和,并保存在变量F1中。

⑩ 关闭浏览器。

⑪ 使用Open Browser活动打开网易有钱网页(http://qian.163.com/pc/login.html)。

⑫ 使用Element Exists活动检查登录框是否存在。

⑬ 如果是,使用Message Box活动提示用户登录。

⑭ 否则,使用Navigate To活动打开"资金账户"页面。

⑮ 使用UiPath Studio的Data Scraping向导获取所有显示的资金账户的名称和余额,并把结果保存到一个DataTable中。

⑯ 使用Filter Data Table活动筛选小金库零用钱的账户余额,并把结果转成Decimal类型保存在变量A1中。

⑰ 判断F1和"B1－A1"是否相等。

⑱ 如果是,使用网易有钱提供的Excel模版(注意预先清空模版中的示例数据),在"收入"工作表中添加一行数据,账户是"小金库零用钱",金额是"B1－A1"的值,时间是今天,分类是"投资收益",备注是"小金库零用钱收益(2019.8.16－2019.8.31)"(注意修改日期)。

⑲ 使用 Navigate To 活动打开"导入账单"页面,并使用 Click 活动完成文件上传的操作。

⑳ 关闭浏览器。

㉑ 否则,把两边过去半个月的收入支出明细逐条比对,找出漏记的,然后在网易有钱中补记。

㉒ 打开核算日志 Excel 文件,添加今天核算的日期和结果。

如你所见,细化之后的流程 v4 多了很多技术方面的细节。比如,第⑤步的数据类型转换,普通用户一般不会想到;又比如,第⑭步先获取所有资金账户再从中找出特定资金账户,人工操作的时候也不会这样;再比如说,第④步提示登录,这完全是因为机器人的引入而增加的步骤。所有这些细节都不可能指望普通用户给你指出来,用户眼中的流程和开发者眼中的流程是有区别的,而意识到这些区别的存在才能让你问出正确的问题,从而为后面的开发工作铺平道路。

现在,打开 UiPath Studio,创建一个空白的流程,并把 Flowchart 拖到 Main 中,如图 9-1 所示,然后按照流程 v4 在 Main 中画出流程框架。

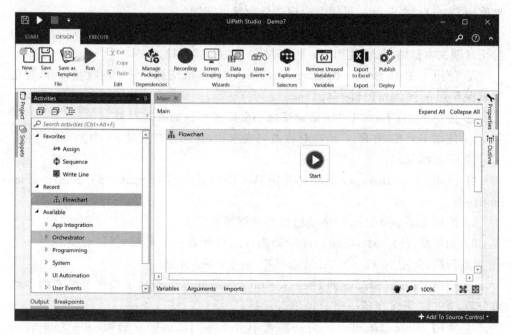

图 9-1

机器人会直接打开京东小金库网页,如图 9-2 所示。我们不应该假设网页的登录状态,而应该让机器人先去检查再做打算。如果还没登录,机器人会提示用户登录,用户登录后,单击对话框的按钮告诉机器人,机器人会继续获取小金库零用钱的资金余额。

流程 v4 的第⑥步到第⑨步是获取并计算本次核算周期的收益,我把它们放在一

案例实践:货基收益自动对账

个 Sequence 活动中,如图 9-3 所示,获得所需信息后机器人就会关闭浏览器。

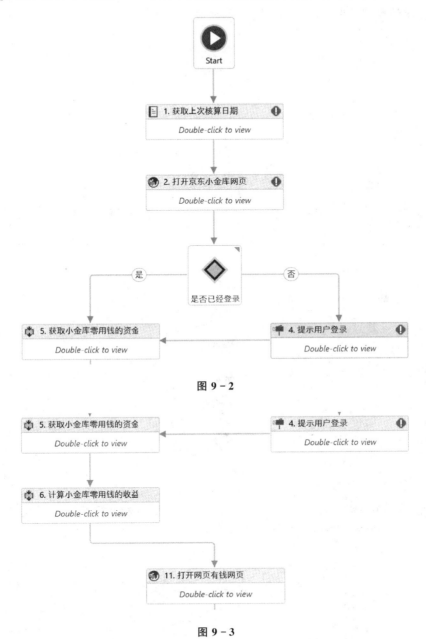

图 9-2

图 9-3

打开网易有钱网页的做法和前面打开京东小金库网页的做法一样,如图 9-4 所示。流程 v4 的第⑭步到第⑯步是获取小金库零用钱的账户余额,我把它们放在一个 Sequence 活动中。

获得小金库零用钱的账户余额后,机器人就会判断两边是否平账,如果是就会执行流程 v4 的第⑱步和第⑲步,我把它们放在一个 Sequence 活动中,然后关闭浏览器,并记录核算的日期和结果,如图 9-5 所示。

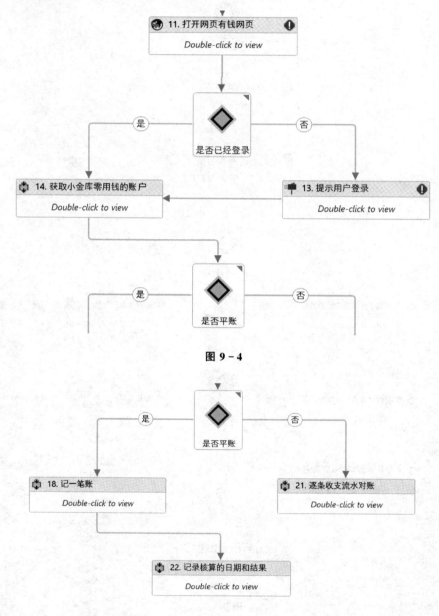

图 9-4

图 9-5

如果两边账不平,就要开展烦人的逐条收支流水对账工作了,这个步骤前面基本上没有细化,因为我想把它留给读者练手,所以这里只是放一个 Sequence 活动充当占位符。当你实现第㉑步时,需要思考它在流程 v4 的位置是否需要调整,执行之前需要准备什么数据,这些数据应该在前面什么步骤里准备?

另外,这里的流程设计是针对有人值守机器人的,因此你会看到机器人无法继续的时候会找人帮忙。如果要针对无人值守机器人设计流程,整个思路就会很不一样,你可能需要在机器人无法继续的时候通过异步的方式(如发送邮件)找人帮忙,也需要通过 Orchestrator 计划流程的执行。一般来说,这两种设计是不互通的,因此在设计之前一定要想清楚日后的使用方式。

9.4 在京东金融中获取小金库零用钱的余额和收益列表

假设我们的核算日志 Excel 文件有日期和结果两列,如表 9-2 所列。当我们需要获取上一次核算日期时,只需读取日期列,并取最后一个单元格的值就行了。

表 9-2

日期	结果
2019-8-16	平账

使用 Read Column 活动读取 A 列,如图 9-6 所示。Read Column 活动返回一个 IEnumerable<Object> 对象,我们把它保存在 checkDates 变量中,然后调用 Last()方法获取最后一个单元格的值,接着使用 CType 把这个值的类型转成 DateTime,并使用 Assign 活动把它保存在 lastCheckDate 变量中。

图 9-6

用 Open Browser 活动打开京东小金库网页,如图 9-7 所示。值得提醒的是,你需要把 Open Browser 活动的 BrowserType 设为你想用的浏览器,在这里是 Firefox。然后使用 Element Exists 活动检测"欢迎登录"是否在页面上,如果是就意味着需要提醒用户登录了,这是在外面通过 Flow Decision 活动和 Message Box 活动来实现的。

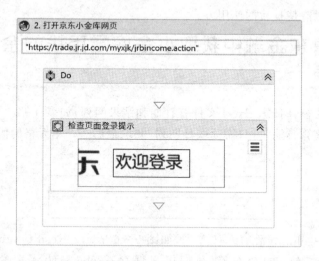

图 9-7

登录后,需要通过 Attach Browser 活动附加到浏览器上,如图 9-8 所示。

图 9-8

这里有个小插曲,京东小金库分为零用钱和理财金两个账户,目前正在推广两个账户的合并,所以当你打开京东小金库网页时,可能会看到一个提示页面建议你升级小金库。我暂时不想合并,于是使用 Element Exists 活动检测这个提示页面是否存在,如果存在就把它关闭,如图 9-9 所示。

案例实践：货基收益自动对账 9

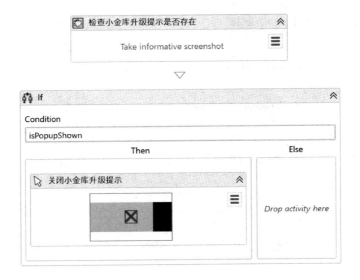

图 9-9

用 Get Text 活动获取小金库零用钱的资金余额,然后使用 Assign 活动把获取的字符串转成 Decimal,并把它保存在 B1 变量中,如图 9-10 所示。用 Decimal.Parse()方法进行数据转换,同时通过 System. Globalization. NumberStyles. AllowDecimalPoint 和 System. Globalization. NumberStyles. AllowThousands 告诉 Parse 方法字符串中可能包含小数点和千分号。

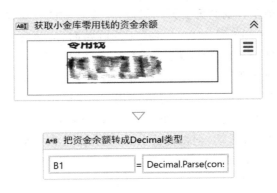

图 9-10

在第⑥步中,同样通过 Attach Browser 活动附加到浏览器上,和图 9-8 所示的一样。然后使用两个 Type Into 活动输入起止日期,日期格式为"yyyy-MM-dd",并使用 Click 活动单击查询按钮,如图 9-11 所示。

这里特别需要注意日期的逻辑,假设上次核算的日期是 2019-08-16,今天是 2019-09-01,当我们在开始日期中输入 2019-08-16,在结束日期中输入 2019-09-01 时,收益表的日期是从 2019-08-16 到 2019-09-02 的,也就是说,收益表的日

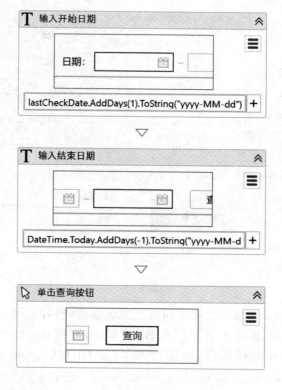

图 9 – 11

期是从开始日期到结束日期的第二天。但是,今天看到的收益是昨天的,因此,当我们想计算从 2019 – 08 – 16 到 2019 – 08 – 31 的收益时,应该在开始日期中填 2019 – 08 – 17,也就是上次核算的日期的第二天,在结束日期中填 2019 – 08 – 31,也就是昨天。这就是为什么会在图 9 – 11 的 Type Into 活动中看到加减一天的逻辑。

筛选出指定日期范围的收益后,可以使用 Extract Structured Data 活动获取收益表的数据,如图 9 – 12 所示。可以使用 UiPath Studio 的 Data Scraping 向导生成 Extract Structured Data 活动,记得告诉 Data Scraping 向导收益表需要翻页。然后使用 Filter Data Table 活动筛选出"产品类型"列的值为"零用钱"的数据,并把它保存在 incomeTable 变量中。

使用 For Each Row 活动遍历 incomeTable,然后使用 Get Row Item 活动获取每行的收益值,并把它保存在 income 变量中,接着把它累计到 F1 变量中,如图 9 – 13 所示。

完成后,使用 Close Tab 活动关闭当前标签页,因为浏览器现在只有一个标签页,所以浏览器也会关闭。

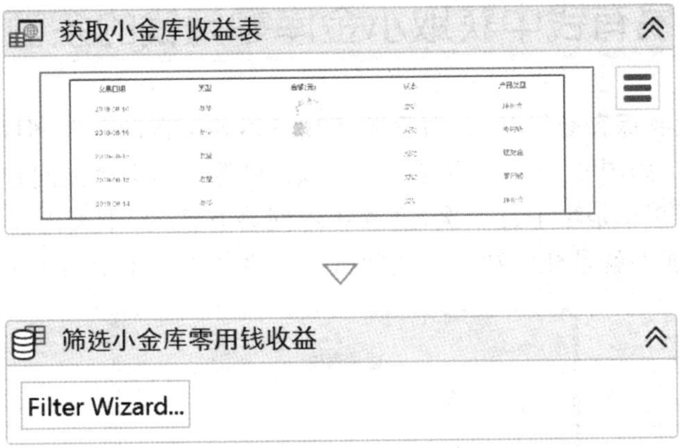
获取小金库收益表
筛选小金库零用钱收益
Filter Wizard...

图 9－12

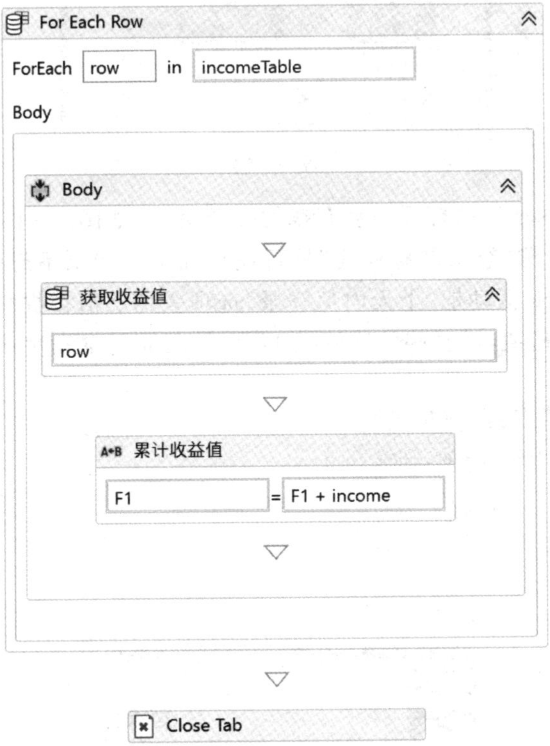
For Each Row
ForEach
row
in
incomeTable
Body
Body
获取收益值
row
累计收益值
F1
=
F1 + income
Close Tab

图 9－13

9.5 在网易有钱中获取小金库零用钱的余额

京东金融没有保存登录状态，每次关闭浏览器就会自动登出，但网易有钱可以保存登录状态十天，如图9-14所示，在这十天内，机器人不会再询问登录信息。但是，我们的常规执行频率是半个月一次，这意味着网易有钱的"十天内免登录"实际上不会有任何帮助，顶多就是开发和测试期间可以减少一点人工干预罢了。

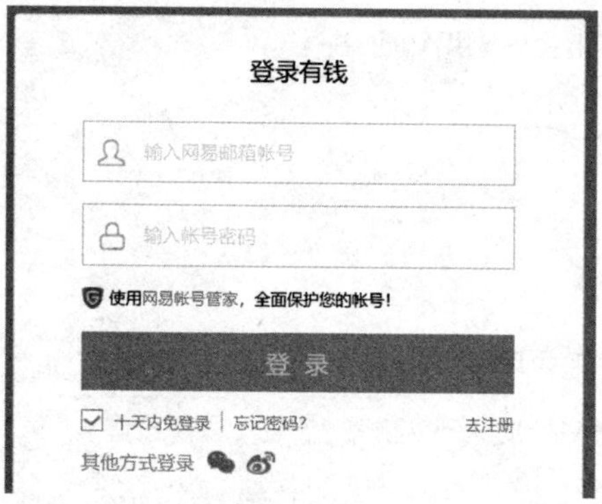

图 9-14

用 Open Browser 活动打开网易有钱的登录页面，如图9-15所示，然后用 Element Exists 活动检测"登录网易有钱"是否在页面上。如果不想网易有钱保存登录状态，可以使用 Click 活动把"十天内免登录"选项去掉。值得提醒的是，这个页面的某些属性使用了随机值，而这些值恰好被 UiPath Studio 拿来生成选择器，因此每次

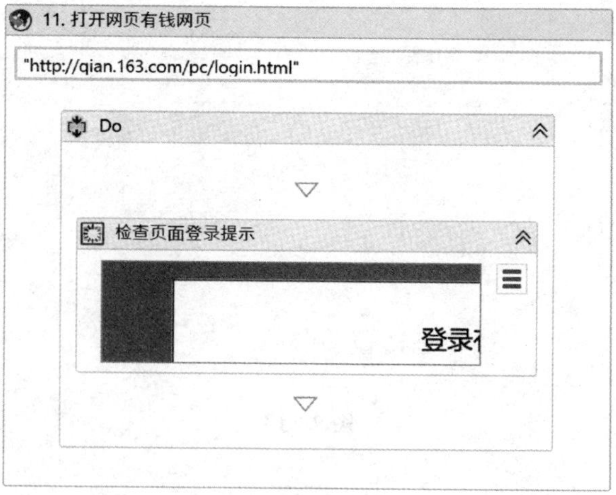

图 9-15

刷新页面机器人都找不到"十天内免登录",你需要手动编辑它的选择器,去掉那些使用了随机值的属性,加上使用固定值的属性。

登录后,需要通过 Attach Browser 活动附加到浏览器上,如图 9-16 所示,然后用 Navigate To 活动打开"资金账户"页面,接着使用 Delay 活动让机器人稍等片刻,等页面加载完毕再抓取数据,否则将会得到一个空的 DataTable。

图 9-16

资金账户是以表格的形式呈现在页面上的,当人工查找某个账户的余额时,我们扫一眼就可以找到了,但这"扫一眼"到底发生了什么具体的事情呢?我们的目光在第一列中从上到下扫视,一旦看到某个账户,我们的目光就会水平向右扫视,直到看到某个我们认为是金额的数字为止。不能直接使用 Get Text 活动获取某个账户的余额,因为你无法保证你想要的数字是否每次都在这个位置。

这个过程可以通过 Extract Structured Data 活动和 Filter Data Table 活动来实现,如图 9-17 所示。需要说明的是,只用 Extract Structured Data 活动获取账户名称和账户余额两组数据,而不是整个资金账户表。此外,假设资金账户表有且只有一个符合要求的账户,即账户名称是"小金库零用钱"。然后,我们在 Assign 活动中使用 Convert.ToDecimal() 方法把 Extract Structured Data 活动输出的 DataTable 对象的第一行第二列的值转成 Decimal 类型,并保存在 A1 变量中。

至此,可以在图 9-5 的 Flow Decision 活动中使用"F1 = B1－A1"表达式判断是否平帐了。

图 9-17

9.6 记一笔账

如果平账,用 Copy File 活动复制一份网易有钱提供的 Excel 文件模版,如图 9-18 所示,这个 Excel 文件模版是预先下载好的,但在使用前,需要把这个 Excel 文件模版中的示例数据清空,只留下表头。然后,用 Read Range 活动读取 Excel 文件的"收入"工作表,得到一个空的 DataTable。

用 Add Data Row 活动向这个 DataTable 添加一行数据,可以把 Add Data Row 活动的 ArrayRow 属性设为{"小金库零用钱",B1-A1,DateTime.Today.ToString ("yyyy-MM-dd"),"投资收益","人民币","小金库零用钱收益("+lastCheck-Date.ToString("yyyy.MM.dd")+"-"+DateTime.Today.AddDays(-1).ToString("yyyy.MM.dd")+")"},这是 VB.NET 创建数组的代码。再用 Write Range 活动把 DataTable 写入 Excel 文件的"收入"工作表。

通过 Attach Browser 活动附加到浏览器上,如图 9-19 所示,然后用 Navigate To 活动打开"导入账单"页面,使用 Click 活动单击"自定义"按钮打开"上传文件"页面。

用 Click 活动单击"选择 Excel 文件"按钮打开选择文件的窗口,如图 9-20 所示,用 Type Into 活动在文件名文本框中输入 Excel 文件的完整路径,用 Click 活动单击选择文件的窗口的 OK 按钮,再用 Click 活动单击"确定上传"按钮。

虽然使用网页有钱提供的 Excel 文件模版,但它并不会自动匹配里面的数据。当单击"确认上传"后,它会打开一个"匹配表格"页面,如图 9-21 所示,你需要把 Excel 文件中的 6 个字段(图 9-21 的第二列)匹配到网易有钱指定的字段(图 9-21 的第一列)。

案例实践：货基收益自动对账 9

图 9 – 18

图 9 – 19

图 9 – 20

图 9 – 21

假设网易有钱指定的字段顺序不变,下拉列表中的字段顺序不变,那么整个操作就变成了先用 Click 活动打开下拉菜单,再用 Click 活动选择所需字段,如图 9-22 所示。所有字段都匹配好后,使用 Click 活动单击"下一步"按钮。

这里的做法是最简单的,但并非最好的,因为我们并不知道前面的假设是否稳定。更好的做法可能是,先用 Extract Structured Data 活动获取第一列的所有字段,再按顺序找出每个字段对应的下拉列表,并从下拉列表中选择对应的字段。毫无疑问,要实现如此灵活的效果,势必大量使用动态选择器,实现起来可能非常复杂。另外,值得一提的是,Select Item 活动无法用于这些下拉列表。

单击"下一步"按钮会打开新的页面让你匹配分类和账户,匹配分类的做法和前面匹配字段的做法一样,如图 9-23 所示。因为账户已经自动匹配了,所以只需使用 Click 活动单击"设置完毕,导入"按钮导入数据。

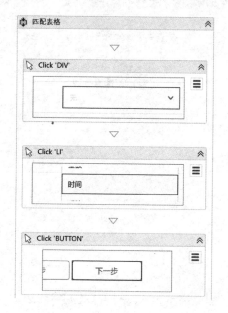

图 9-22

图 9-23

导入后,先用 Delay 活动让机器人稍等片刻,再用 Close Tab 活动关闭浏览器,如图 9-24 所示。

最后,在第㉒步中,使用 Build Data Table 活动构建一个 DataTable 用来存放核算日志(参见表2),如图 9-25 所示,使用 Add Data Row 活动添加一行数据,然后使用 Append Range 活动追加到核算日志 Excel 文件末尾。

现在,可以按 F5 键运行流程了,如果一切正常,你将会在网易有钱 App 中看到一笔小金库零用钱收益的账。

Click 'BUTTON'
设置完毕，导入
Delay
Close Tab

图 9 - 24

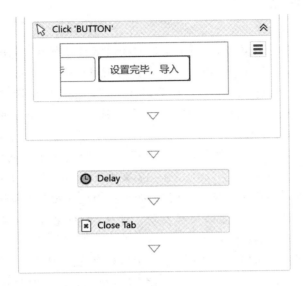

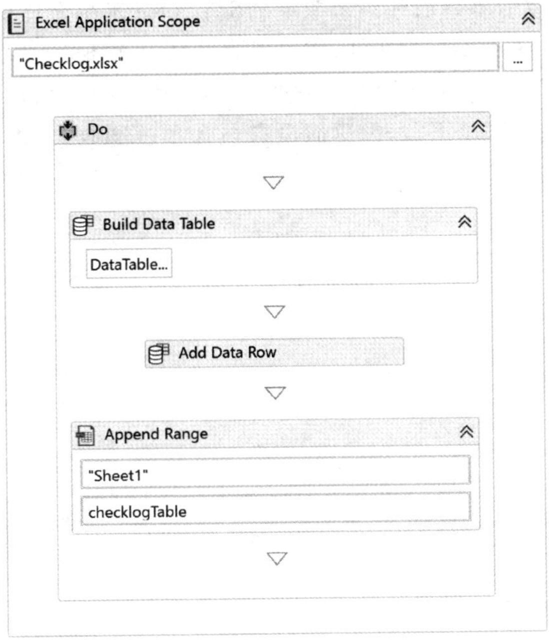
Excel Application Scope
"Checklog.xlsx"
Do
Build Data Table
DataTable...
Add Data Row
Append Range
"Sheet1"
checklogTable

图 9 - 25

9.7 未尽事宜

如果出现错误呢？在这里，最可能出现的错误就是网页没有刷出来，这个时候机器人可能抛出 SelectorNotFoundException 异常。可以使用 Delay 让机器人稍等片刻，也可以使用 Try Catch 活动处理（详见第 3 章），甚至可以使用 Retry Scope 活动重试。我们可能无法得知机器人在与一个应用程序交互时会出现的所有错误，为了方便日后调查，应该尽量通过日志记录执行情况。

在正常情况下，这个流程是每半个月执行一次，所以起止日期的选择不会有问题，但如果 2019-8-16 执行了，2019-8-17 又执行了一次呢？这是边界情况，业务人员在提需求时可能不会注意到这种情况，如果我们在开发时也没注意到，要么这个问题在测试时被发现，要么在上线后被发现。现在，我们知道这里有个潜在的 bug，你觉得流程 v4 应该如何修改呢？

如果账不平呢？如果"F1＞B1-A1"，则可能存在少记支出，或者多记收入；如果"F1＜B1-A1"，则可能存在多记支出，或者少记收入。不管是哪种情况，都需要把上次核算之后，网易有钱和京东金融的每笔收支拿出来比较，这些数据都能在相应的网页上获取，但操作步骤不会非常简单。那么，你觉得流程 v4 应该如何修改呢？

那么余额宝和微信零钱通呢？余额宝的流程和京东小金库的类似，余额宝还提供下载过去 30 天的账单 Excel 文件，你可以直接从这个 Excel 文件里获取过去半个月的收益数据。如果有兴趣，也可以尝试给余额宝做一个。微信零钱通没有提供网页，虽然微信钱包提供账单下载，但里面没有包含零钱通收益，因此无法交给机器人处理。